人工智能系列规划教材

全国高等院校计算机基础教育研究会立项项目成果

机器学习工程简明教程

杨 坡 颜 健 白 刚 主编

北京邮电大学出版社
www.buptpress.com

内 容 简 介

本书作为机器学习的入门书，涉及机器学习基础知识的各方面内容。对于常用的算法，本书首先介绍其基本思想和具体实现步骤，然后讲解其在具体案例中的应用，让读者对算法有一个直观的认识。

本书共包含 11 章内容，具体安排为：第 1 章讲解机器学习的基础知识；第 2～6 章讲解监督学习中常用的分类算法；第 7 章讲解监督学习中常用的回归算法；第 8 章介绍神经网络，其既可以用于分类，又可以用于回归；第 9～10 章讲解无监督学习中的常用算法；第 11 章介绍通过降维技术来简化数据。

本书可以作为高等院校计算机相关专业的本科生教材。

图书在版编目(CIP)数据

机器学习工程简明教程 / 杨坡，颜健，白刚主编. -- 北京：北京邮电大学出版社，2021.6（2023.11 重印）
ISBN 978-7-5635-6382-1

Ⅰ. ①机… Ⅱ. ①杨… ②颜… ③白… Ⅲ. ①机器学习－教材 Ⅳ. ①TP181

中国版本图书馆 CIP 数据核字(2021)第 100861 号

策划编辑：马晓仟　　**责任编辑**：王小莹　　**封面设计**：七星博纳

出版发行：北京邮电大学出版社
社　　址：北京市海淀区西土城路 10 号
邮政编码：100876
发 行 部：电话：010-62282185　传真：010-62283578
E-mail：publish@bupt.edu.cn
经　　销：各地新华书店
印　　刷：北京虎彩文化传播有限公司
开　　本：787 mm×1 092 mm　1/16
印　　张：11.75
字　　数：302 千字
版　　次：2021 年 6 月第 1 版
印　　次：2023 年 11 月第 3 次印刷

ISBN 978-7-5635-6382-1　　定价：32.00 元

前　言

在现今大数据时代的背景下，人工智能已经成为众多高科技产品的技术核心。而机器学习是人工智能研究领域中一个极其重要的研究方向。机器学习是一门多领域交叉学科，涉及概率论、统计学、逼近论、凸分析、算法复杂度理论等，对初学者的基础知识要求很高。目前机器学习的相关课程主要集中在研究生学习阶段。随着机器学习的迅速发展，机器学习的授课对象已经发生了变化，大批本科生以及对计算机感兴趣的自学者都想进入这个领域。但有的学习者的基础相对薄弱，因此对其望而却步。

本书通俗易懂，注重实践，能帮助零基础的学习者快速掌握机器学习的基础知识与实践技术，并使其对这个领域产生浓厚的兴趣，为后续的深入学习和熟练应用打下坚实的基础。

本书的特色如下。

(1) 讲授的都是基础的入门算法，同时摒弃学术化语言，语言简单直白，降低了学习和教学的门槛。

(2) 针对每个算法，详细介绍算法思路和实现的具体步骤，使读者"知其然，并知其所以然"。

(3) 每一个算法都具有完整的程序演示，可提高读者运用知识解决实际问题的能力。

(4) 案例采用 Python3 编程语言，Python 编程语言简单易学，功能强大，读者无须花费太多的精力去研究烦琐的语法。

本书主要由南开大学滨海学院计算机科学与技术系的任课教师和天津电子信息职业技术学院计算机与软件技术系的任课教师共同编写，具体分工如下：杨坡负责第 1～4 章、第 8～9 章、第 11 章的编写；颜健负责第 5～7 章和第 10 章的编写。南开大学白刚教授负责本书的章节安排和知识点检查。

在本书编写过程中，作者参考了与很多机器学习相关的网络资源和图书，在此向这些提供帮助的学者致谢。限于作者的时间和水平，书中难免有疏漏之处，欢迎各位同行和读者指正。

目　　录

第1章　绪　　论

本书系统地介绍了机器学习的入门理论知识与具体应用。本章介绍机器学习的定义、发展历程和分类，让大家对机器学习有一个简单的认识。

1.1　机器学习定义

机器学习(Machine Learning)是人工智能的核心研究领域之一，对其研究的目的是为了让计算机具有人类的学习能力，从而实现人工智能。

机器学习是一门多领域交叉学科，涉及的主要学科包括概率论、线性代数、统计学、算法复杂度理论等，其专门研究计算机怎样实现人类的学习行为、获取新的知识、重新组织已有的知识结构、改善自身的性能。机器学习理论主要是设计和分析一些让计算机可以自动学习的算法。机器学习是人工智能的核心，是使计算机具有智能的根本途径。其应用遍及人工智能的各个领域，如汽车的自动驾驶、语音识别、实时翻译等。

机器学习使用计算机作为工具，致力于真实、实时地模拟人类的学习方式，有下面3种定义。

(1) 机器学习使用计算机程序模拟人的学习能力，从实际例子中学习，得到知识和经验。

(2) 机器学习是把无序的数据转换成有用的信息。

(3) 机器学习是一种统计学方法，计算机利用已有的数据得出某种模型，再利用此模型预测结果。

1.2　机器学习发展历程

机器学习是人工智能(Artificial Intelligence)发展到一定阶段的产物。人工智能经历了逻辑推理、知识工程、机器学习三个阶段。

20世纪50年代到20世纪70年代初是第一阶段，重点是逻辑推理，如利用机器证明数学定理。这类方法采用符号逻辑来模拟人的智能。此时的代表性工作主要有A. Newell和H. Simon的"逻辑理论家"程序和"通用问题求解"程序等。

20世纪70年代中期到20世纪80年代是第二阶段，代表性工作为专家系统。这类方法为各个领域的问题建立专家知识库，利用这些知识来完成推理和决策。在工作的过程中，人们逐渐意识到专家系统的缺点：可扩展性差。专家系统对每个具体问题都要建立规则和知识库，成本非常高。

20 世纪 90 年代至今是机器学习高速发展的时期，一些学者想到，能不能让计算机自己学习知识。在这个阶段，各种机器学习算法层出不穷，应用范围不断扩大，尤其是随着计算机硬件的支持加强，近年来机器学习在多个领域都取得了令人赞叹的成绩，部分应用研究成果已转化为产品，其典型应用领域有艺术创作、金融行业、医疗、自然语言处理、网络安全、工业、娱乐行业等。

1.3 机器学习分类

机器学习的算法繁多，其中的很多算法属于同一类，有些算法是从其他算法中衍生出来的，基于学习方式的不同可以将整个机器学习算法分为

(1) 有监督学习(Supervised Learning)；

(2) 无监督学习(Unsupervised Learning)；

(3) 增强学习(Reinforcement Learning)。

除此之外，还有半监督学习，但我们可以把它归到有监督学习中。有监督学习和无监督学习的最大区别在于数据是否有标签。

下面介绍一些机器学习的常用术语。

特征(Feature)：在进行预测时使用的输入变量。

标签(Label)：指样本的“答案”或“结果”部分。

样本(Example)：也可以称为数据，是数据集的一行。一个样本包含一个或多个特征，此外还可能包含一个标签。

数据集(Data Set)：一组样本的集合。

训练集(Training Set)：用来训练模型的带标签数据，用来建立模型、发现规律。

测试集(Testing Set)：带标签的数据。数据去掉标签后，输送给训练好的模型，将输出结果与真实标签进行对比，评估模型的学习能力。

1.3.1 有监督学习

有监督学习是利用一组带有标签的数据，学习从输入到输出的映射关系，不断调整预测模型，直到模型的预测结果达到一个预期的准确率，然后将这种映射关系应用到未知数据上。有监督学习的常见应用场景有分类问题和回归问题。分类的输出结果是离散的，回归的输出结果是连续的。

常用的分类算法有：k 近邻(k-Nearest Neighbor，KNN)、决策树 (Decision Tree)、朴素贝叶斯(Naive Bayes)、支持向量机(Support Vector Machines，SVM)、神经网络(Neural Networks)等。

回归是统计学分析数据的方法，目的是预测数值型的目标值，帮助人们了解在自变量变化

时因变量的变化规律,寻找合适的方程,对特定值进行预测。

常用的回归算法有普通线性回归函数(Linear Regression)、岭回归(Ridge)等。

例如,预测某人的性别是男还是女是一个分类任务;预测某人的身高是一个回归任务。

1.3.2　分类模型评判指标

算法的评价指标有准确率(Accuracy)、精确率(Precision)、召回率(Recall)等。

我们平时最常用的是准确率,其定义为在测试样本中,被正确分类的样本数与总样本数之比。如果我们只考虑准确率,有些时候并不有效。这里举个简单的例子。例如,有 10 000 个测试样本,属于类 A 的有 9 900 个,属于类 B 的有 100 个。测试时,我们简单地把所有样本都认为属于类 A,那么准确率是 9 900/10 000=99%,此时准确率已经高于大部分复杂的算法。显然只考虑算法的准确率是不对的。

为了解释精确率和召回率,我们需要先认识混淆矩阵(Confusion Matrix)。把分类模型的分错样本数和分对样本数放在一个表里展示出来,这个表就是混淆矩阵,如表 1.1 所示。

表 1.1　混淆矩阵

混淆矩阵		预测值	
		正例	反例
真实值	正例	TP(True Positive,真正例)	FN(False Negative,假反例)
	反例	FP(False Positive,假正例)	TN(True Negative,真反例)

精确率含义:预测结果为正例的样本中,预测正确的样本比例。其公式为

$$P=\frac{\mathrm{TP}}{\mathrm{TP}+\mathrm{FP}} \tag{1.1}$$

召回率含义:真实值为正例的样本中,预测正确的样本比例。其公式为

$$R=\frac{\mathrm{TP}}{\mathrm{TP}+\mathrm{FN}} \tag{1.2}$$

准确率含义:正确分类的样本数与总样本数之比。其公式为

$$\mathrm{ACC}=\frac{\mathrm{TP}+\mathrm{TN}}{\mathrm{TP}+\mathrm{TN}+\mathrm{FP}+\mathrm{FN}} \tag{1.3}$$

精确率和召回率往往是一对矛盾的值,此消彼长。最常用的是 F-Measure 统计量,又称为 F-Score。F-Measure 是精确率和召回率的加权调和平均,公式为

$$F=\frac{(a^2+1)PR}{a^2P+R} \tag{1.4}$$

当 $a=1$ 时,就是我们常说的 F1 度量,此时是精确率和召回率的调和平均,即

$$\mathrm{F1}=\frac{2PR}{P+R} \tag{1.5}$$

简单调和平均数(Harmonic Mean)的计算公式为

$$H_n=\frac{1}{\frac{1}{n}\sum_{i=1}^{n}\frac{1}{x_i}} \tag{1.6}$$

即

$$\frac{n}{H_n}=\sum_{i=1}^{n}\frac{1}{x_i} \tag{1.7}$$

式(1.5)的由来：

$$\frac{2}{\text{F1}}=\frac{1}{P}+\frac{1}{R}\Rightarrow 2PR=R\cdot\text{F1}+P\cdot\text{F1}\Rightarrow\frac{2PR}{R+P}=\text{F1} \tag{1.8}$$

代入 P 和 R 的值可得

$$\text{F1}=\frac{2\left(\frac{\text{TP}}{\text{TP}+\text{FP}}\right)\left(\frac{\text{TP}}{\text{TP}+\text{FN}}\right)}{\frac{\text{TP}}{\text{TP}+\text{FN}}+\frac{\text{TP}}{\text{TP}+\text{FP}}}=\frac{2\text{TP}}{\text{TP}+\text{FP}+\text{TP}+\text{FN}}=\frac{2\text{TP}}{\text{样本总数}+\text{TP}-\text{TN}} \tag{1.9}$$

除了前面介绍的评价指标外，ROC(Receiver Operating Characteristic，受试者工作特征曲线)曲线也常用来评判分类结果的好坏。其最先应用在第二次世界大战中，用来分析雷达信号检测敌军，后来在心理学、医学检测领域使用，现在被引入机器学习、数据挖掘等领域中。

ROC 曲线是以假正例率(FP Rate)和真正例率(TP Rate)为轴的曲线，其中假正例率是横轴，真正例率是纵轴。

$$\text{FP Rate}=\frac{\text{FP}}{\text{FP}+\text{TN}} \tag{1.10}$$

$$\text{TP Rate}=\frac{\text{TP}}{\text{TP}+\text{FN}} \tag{1.11}$$

ROC 曲线的思路：最初将所有样本均认为是负例，此时正例不存在，假正例率和真正例率的值都为 0，所以此时位于坐标点(0,0)，然后将样本按照预测结果排序，把样本逐个作为正例进行预测，计算出每次的 FPR 和 TPR，分别以它们为横、纵坐标，进行作图。

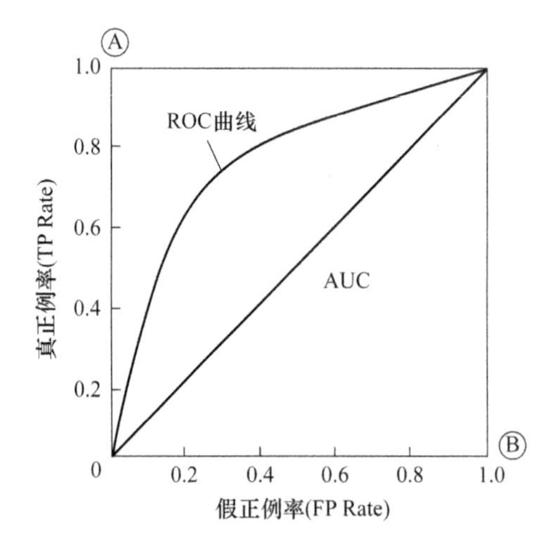

图 1.1　ROC 曲线

ROC 曲线下面的面积叫作 AUC(Area Under Curve)。AUC 值越大，表示分类模型的预测准确性越高，ROC 曲线越光滑，代表过拟合现象越轻，曲线越靠近 A 点(左上方)，性能越好，越靠近 B 点(右下方)，性能越差。A 点是性能最完美的点，B 点是性能最差的点。中间的对角线则是随机猜测的分类情况。有意义的 AUC 值在 0.5 和 1 之间。

AUC=1：完美分类器。

0.5<AUC<1：优于随机猜测。

AUC=0.5：随机猜测，没有预测价值。

AUC<0.5：比随机猜测还差。此时可以采用取反预测，就能优于随机猜测。

1.3.3 无监督学习

在无监督学习中，数据没有任何标签，完全让算法去分析这些数据，发现隐含在数据中的规律。

常见的应用场景包括聚类（Clustering）和降维（Dimension Reduction）。常用的算法包括 *k*-means 算法、Apriori 算法、PCA 降维等。

1.3.4 增强学习

增强学习就是模型通过与环境不断地进行交互，不断地发现数据集，不断地训练自己，获得最优的策略，以使累计奖励最大。

增强学习是一种试错学习，其在各种状态下，需要尽量尝试所有可以选择的动作，通过得到的反馈来判断动作的优劣，最终获得最优的动作。

在增强学习下，输入数据直接反馈到模型，模型对此立刻做出调整。

常见的应用场景包括动态系统以及机器人控制等。常见算法有 Q-Learning 算法等。

1.4 实验环境介绍

1.4.1 语言的选择

本书选用 Python 作为实现机器学习算法的编程语言，Python 语言具有以下优点。

(1) 简单易学。

(2) 开源免费。

(3) 可跨平台。

(4) 具有丰富的库，可以方便地操作数据和文件。

1.4.2 Python 的安装

首先从官网直接下载安装包，打开网址 https://www.python.org/downloads/windows/，显示图 1.2 所示的界面。

从图 1.2 可以看到，当前 Python 的最新版本是 3.8。如果操作系统的位数是 64 位，则下载“Windows x86-64 executable installer”版本，如果操作系统的位数是 32 位，则下载“Windows x86 executable installer”版本。

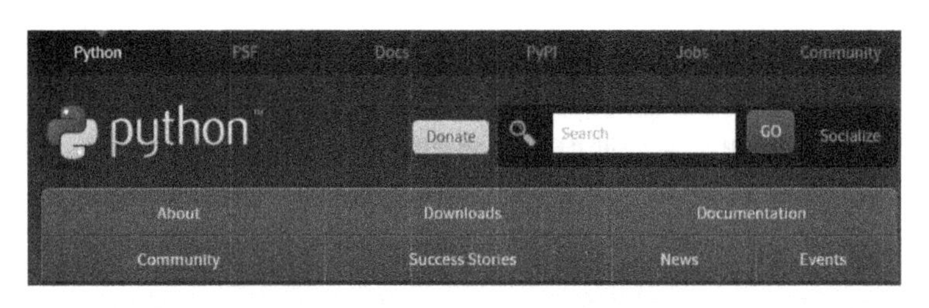

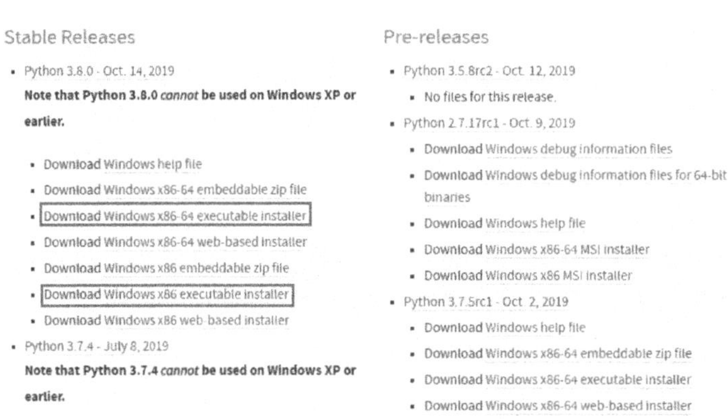

图 1.2　Python 官网

这里以 64 位系统为例，下载好的安装包如图 1.3 所示。

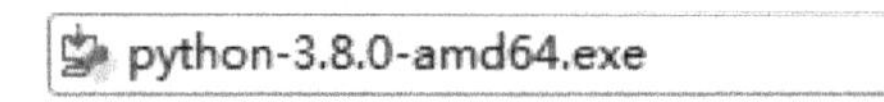

图 1.3　Python 安装包

这里安装时假设的都是 Windows 系统，但是其实还有其他操作系统环境可用。

双击安装包进行安装，勾选"Add Python3.8 to PATH"，添加路径，如图 1.4 所示。

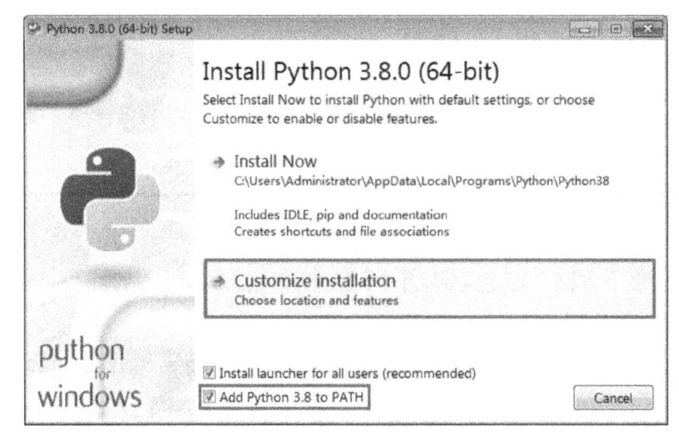

图 1.4　Python 安装界面 1

单击图 1.4 中的“Customize installation”自定义安装，显示界面如图 1.5 所示。

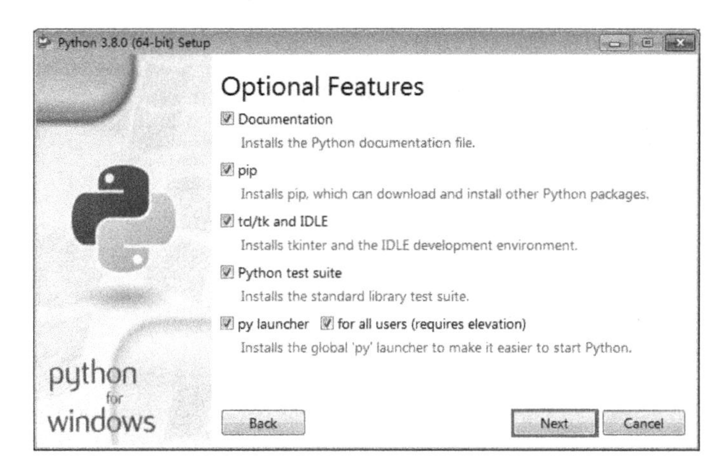

图 1.5　Python 安装界面 2

单击图 1.5 中的“Next”按钮，显示界面如图 1.6 所示。

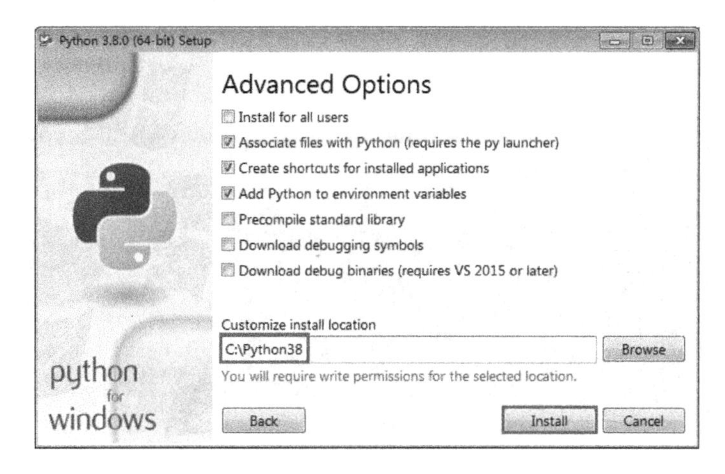

图 1.6　选择安装路径

在图 1.6 中选择合适的安装路径，然后单击“Install”进行安装，显示界面如图 1.7 所示。

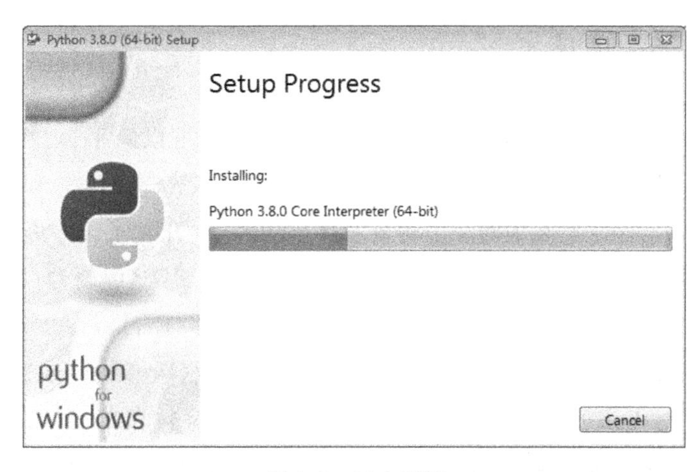

图 1.7　正在安装

安装成功后如图 1.8 所示，最后单击“Close”结束操作。

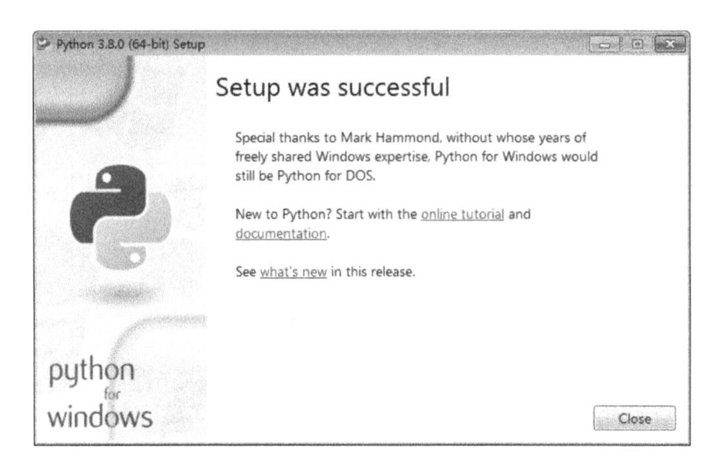

图 1.8　安装成功

此时可以测试 Python 是否安装成功。在 Windows 控制台的命令行提示符下，输入“python”命令后按回车。如果安装成功，可以看到 Python 的版本信息，并进入编程模式，如图 1.9 所示。

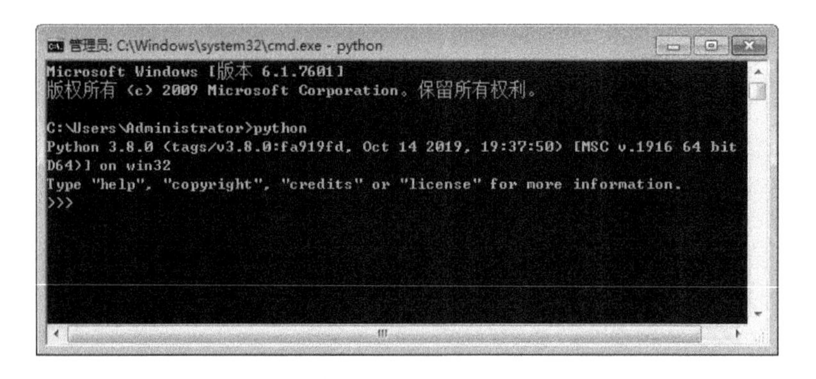

图 1.9　测试 Python 是否安装成功

1.4.3　PyCharm 编辑器

本书编写案例时使用的编辑器是 PyCharm。PyCharm 可以跨平台，在 Mac 和 Windows 系统下都可以用。

PyCharm 是 Jetbrains 家族中的一个明星产品，Jetbrains 开发了许多好用的编辑器，包括 Java 编辑器（IntelliJ IDEA）、JavaScript 编辑器（WebStorm）、PHP 编辑器（PHPStorm）、Ruby 编辑器（RubyMine）、C 和 C++编辑器（CLion）、.Net 编辑器（Resharper）等。

PyCharm 在官网上分为两个版本；第一个版本是专业版（Professional），这个版本功能更加强大，主要是为 Python 和 Web 开发者而准备的，是需要付费的；第二个版本是社区版（Community），是专业版的改编版、轻量级，主要是为 Python 和数据专家而准备的。一般我们做开发时最好下载专业版本。

下面给大家介绍 PyCharm 的安装步骤。

首先打开 Jetbrains 官网:https://www.jetbrains.com,显示界面如图 1.10 所示。

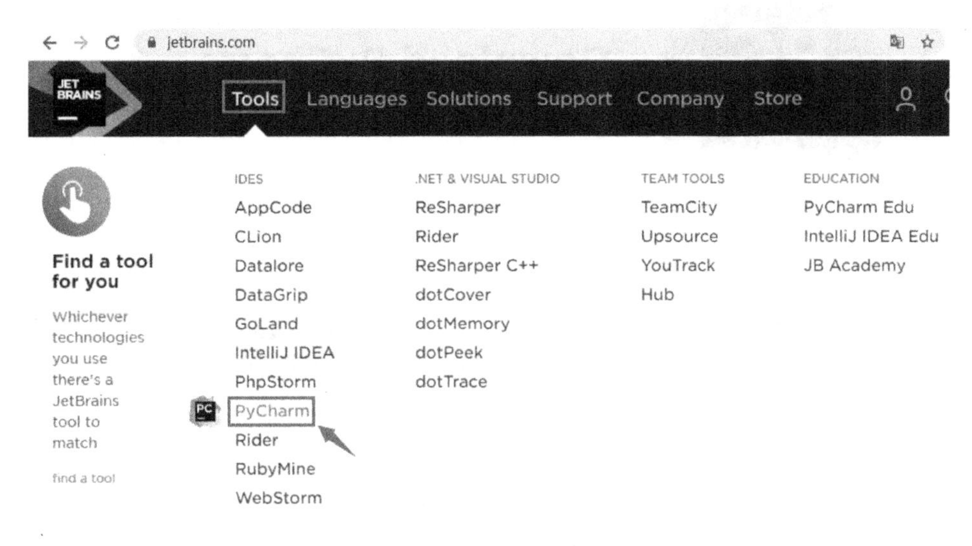

图 1.10　Jetbrains 官网

在 PyCharm 官网中,单击"Tools",选择"PyCharm",显示界面如图 1.11 所示。

图 1.11　PyCharm 的下载界面

单击图 1.11 中的"DOWNLOAD"按钮,进入下载界面,如图 1.12 所示。

根据自己的需要下载"专业版"或"社区版",其中,"专业版"可试用一个月,"社区版"永久免费。这里以下载"专业版"为例,下载完成后,得到安装包如图 1.13 所示。

双击安装包进行安装,开始安装的界面如图 1.14 所示。

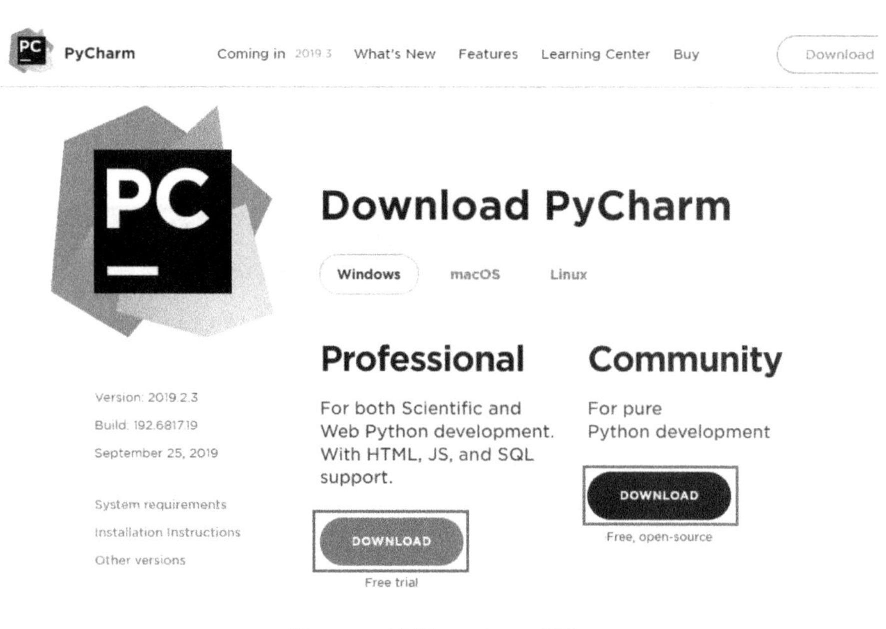

图 1.12 选择 PyCharm 版本

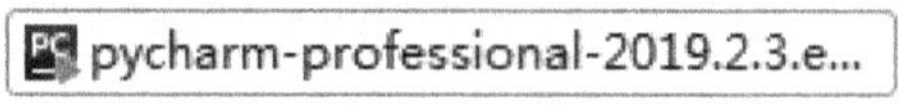

pycharm-professional-2019.2.3.e...

图 1.13 PyCharm 的安装包

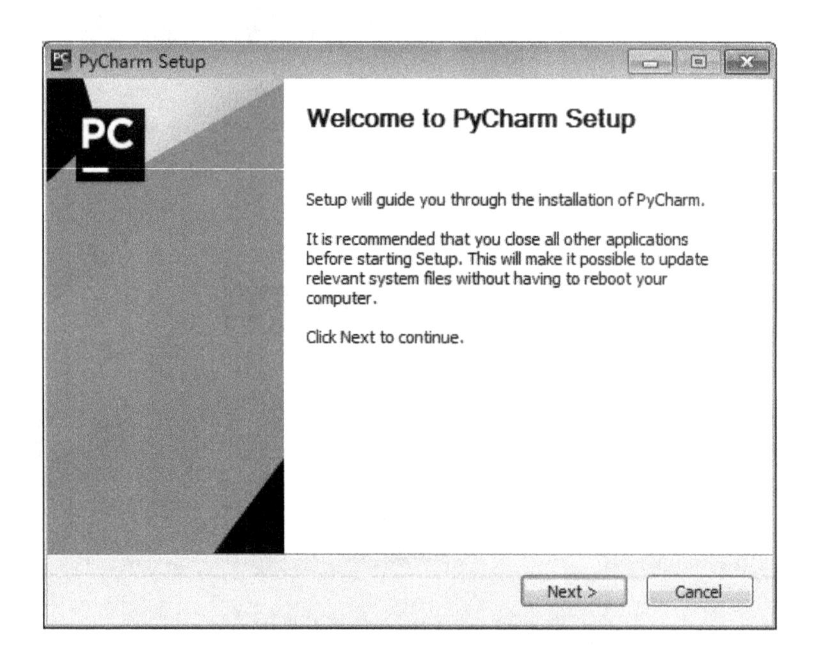

图 1.14 PyCharm 开始安装的界面

单击图 1.14 中的“Next”按钮，进入图 1.15 所示的界面。

在图 1.15 中，选择合适的安装路径，然后单击“Next” 按钮，显示界面如图 1.16 所示。

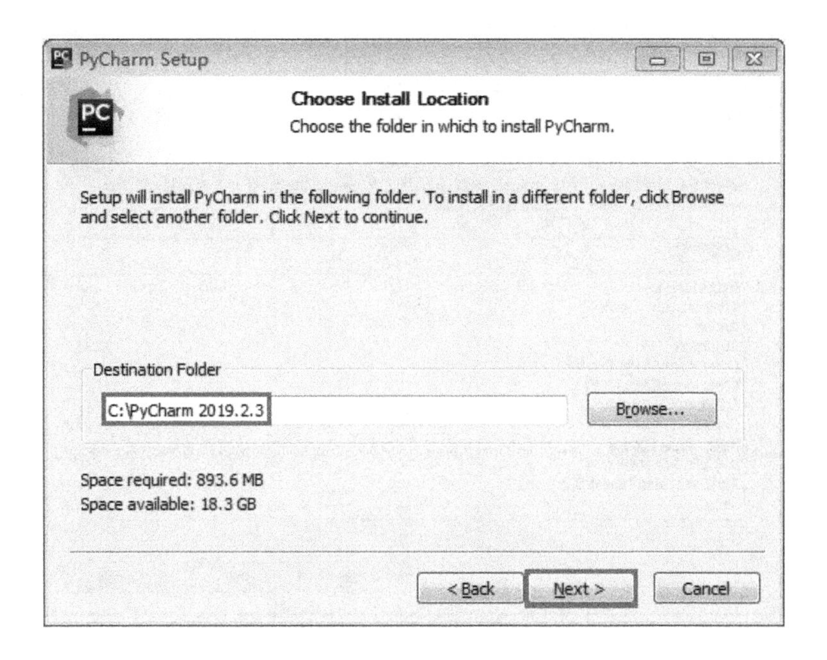

图 1.15 选择安装路径

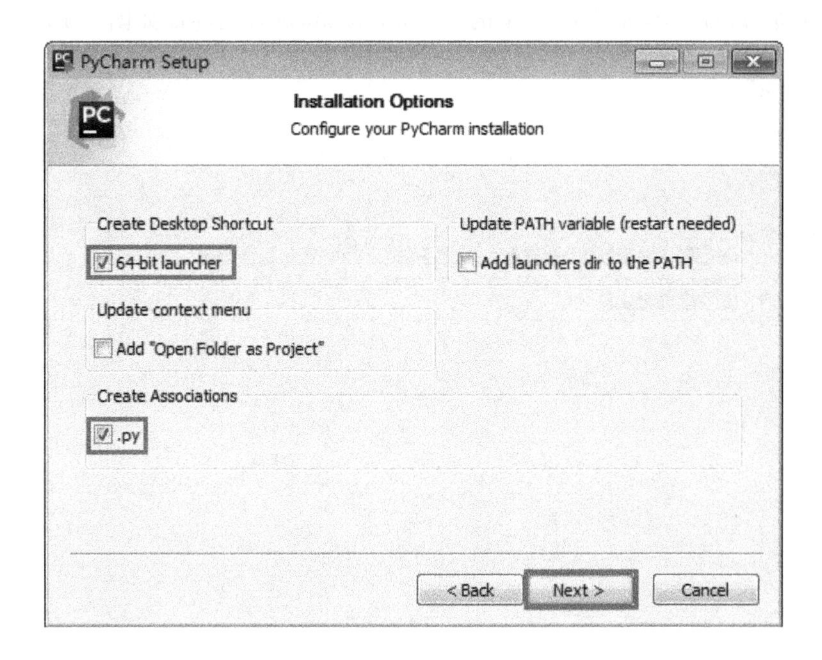

图 1.16 安装选项界面

如果是 64 位操作系统，需要在“Create Desktop Shortcut（创建桌面快捷方式）”中勾选“64-bit launcher”。

在“Create Associations（创建关联）”中勾选“.py”，用来关联.py 文件，这样计算机中扩展名为.py 的文件都默认使用 PyCharm 软件打开。

单击图 1.16 中的“Next”按钮，进入的界面如图 1.17 所示。

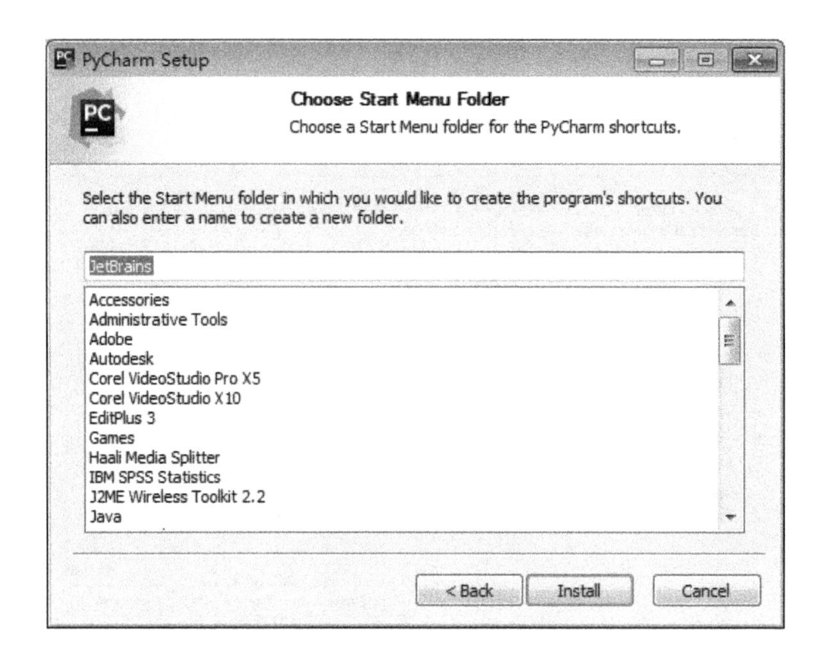

图 1.17　选择开始菜单文件夹

默认安装即可，直接单击图 1.17 中的“Install”按钮，进入的界面如图 1.18 所示。

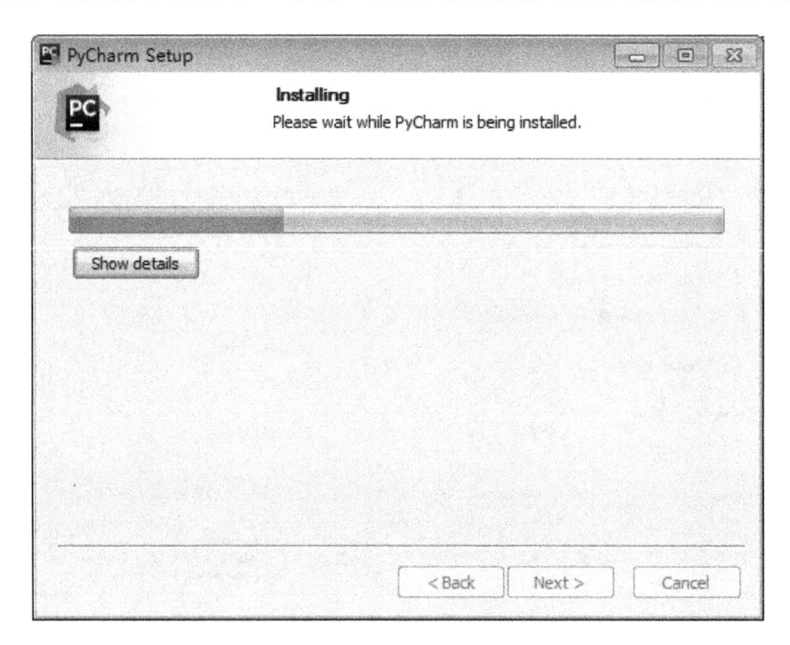

图 1.18　正在安装

安装完成的 PyCharm，如图 1.19 所示。

此时单击图 1.19 中的“Finish”按钮即可，在计算机桌面上会显示图 1.20 所示的 PyCharm 软件的快捷方式。

至此，可以开启我们的学习之旅。

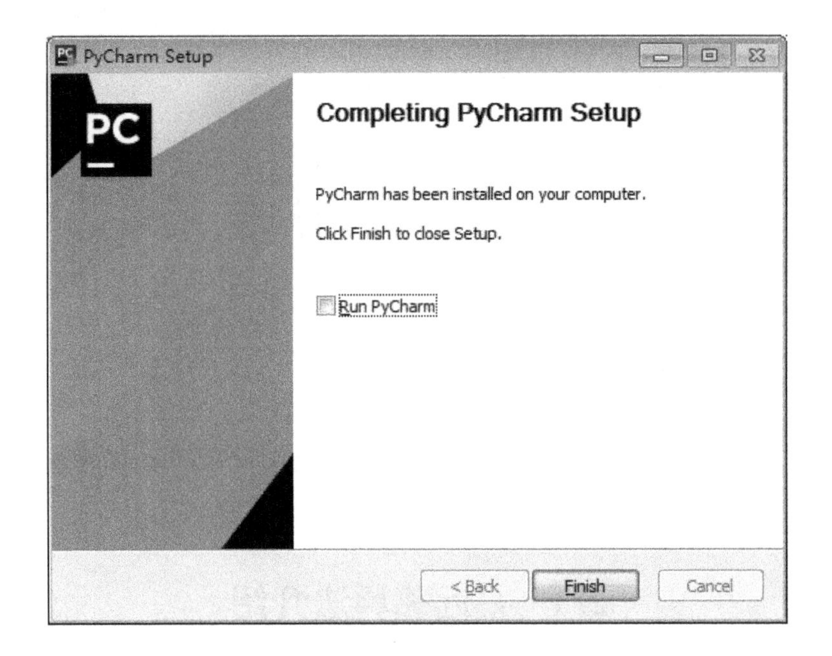

图 1.19　安装完成的 PyCharm

图 1.20　PyCharm 图标

1.5　本章小结

本章为大家介绍了机器学习的概念及相关基础知识，并详细展示了实验环境的搭建。

第2章　k 近邻

本章是我们接触的第一个机器学习算法，为大家讲解最简单的机器学习算法之一：k 近邻分类算法。

2.1　k 近邻算法介绍

k 近邻算法的核心思想是：如果与样本最相似的 k 个样本的大多数属于某个类别，则该样本也属于这个类别。

实现方法：对于给定的数据集，当测试样本到来时，在数据集中找到与该样本最邻近的 k 个样本。若这 k 个样本的大多数属于某个类，就把该测试样本分类到这个类中，也就是通常的"少数服从多数"原则。

2.2　入门实例

下面通过一个实例，体会一下 k 近邻算法。

假如所有样本点的特征分布在二维空间内，具体数值如图 2.1 所示，图中圆形表示 A 类，三角形表示 B 类。当新的样本点〔图中星号位置(2.5，3.5)〕到来时，到底是属于 A 类还是属于 B 类？

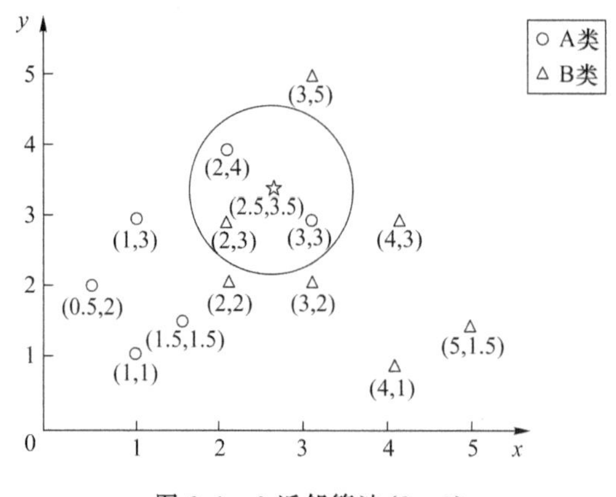

图 2.1　k 近邻算法(k=3)

根据k近邻算法，假设$k=3$，此时会选取图2.1中圆圈内与星号点(2.5,3.5)最近的3个点。根据这3个点的类别决定星号点(2.5,3.5)的类别。在这3个点中，有2个点属于A类，有1个点属于B类。所以我们最终认为星号点(2.5,3.5)属于A类。

2.3　k近邻算法的深入讨论

通过前面的案例，我们对k近邻算法有了简单的直观感受。在具体使用时，k近邻算法有下面几点需要注意。

(1) 选择几个邻居，也就是进行k值的选择。

(2) 选择度量"相似"的方法，即如何度量两个样本的相似程度。

(3) 当选完k个邻居后，这k个邻居如何决策，从而确定测试样本的类别。

2.3.1　k值对结果的影响

在前面的例子中，假设$k=3$时，星号点(2.5,3.5)属于A类。如果假设$k=8$，此时点(2.5,3.5)的邻居如图2.2所示。此时在点(2.5,3.5)8个最近的邻居中，有3个点属于A类，有5个点属于B类。所以我们最终认为星号点(2.5,3.5)属于B类。可以看出，当k的取值不同时，可能得到不同的分类结果。

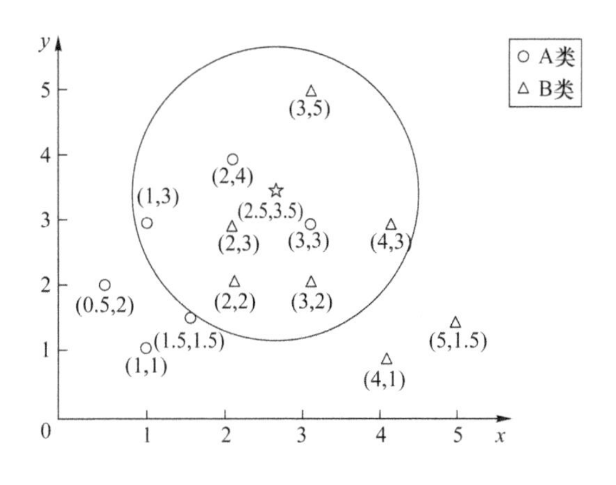

图2.2　k近邻算法($k=8$)

根据经验，如果k值选择较小，就相当于选取较小邻域内的样本进行预测，只有与测试样本较近的样本才会对预测起作用，"学习"的近似误差较小。但是预测结果对近邻的样本点非常敏感，如果近邻的样本点恰巧是噪声，预测就会出错，此时结果误差会变大。相反，如果k值选择较大，就相当于选取较大邻域内的样本进行预测，"学习"的近似误差会增大，但是结果误差会减小。

在极端情况下，如果k=样本总数，那么无论输入什么样的测试样本，都会简单地预测为包含样本最多的类，这时模型已经没有意义，丢失了训练样本中的大量有用信息。

在应用中，通常采用交叉验证法来选取最优的k值。

2.3.2 相似程度的度量

计算特征空间中两个样本点的相似程度，最常用的方法是计算这两个样本点之间的距离，距离小，相似度大；距离大，相似度小。

下面介绍几种常用的距离计算方法。

1. 欧氏距离

欧氏距离是最常用的距离计算方法，衡量的是在多维空间中不同点之间的绝对距离，当数据很稠密并且连续时，这是一种很好的计算方式。在前面的例子中，我们度量两个样本的相似程度时采用的就是这种计算方式。如图 2.3 所示，采用欧氏距离，计算点 x 和 y 的距离，也就是直线 d 的长度。

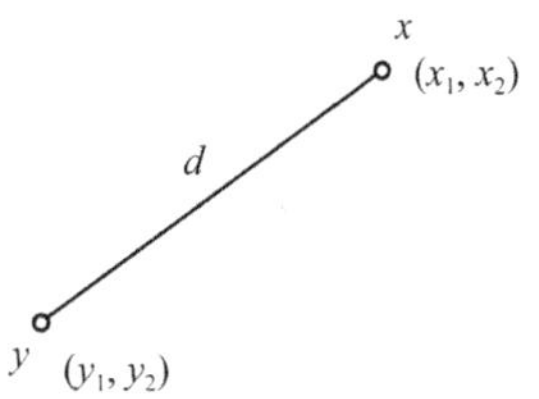

图 2.3　欧氏距离

n 维空间中欧氏距离的计算公式为

$$d(x,y)=\sqrt{(x_1-y_1)^2+(x_2-y_2)^2+\cdots+(x_n-y_n)^2} \tag{2.1}$$

2. 曼哈顿距离

曼哈顿距离也称作“城市街区距离”，计算方法是：两点在水平方向上的距离加上在垂直方向上的距离。类似于在城市中驾车行驶，从一个十字路口到另一个十字路口的距离。如图 2.4 所示，采用曼哈顿距离，计算点 x 和 y 的距离，就是 d_1 与 d_2 的长度之和。

计算公式为

$$d(x,y)=|x_1-y_1|+|x_2-y_2|+\cdots+|x_n-y_n| \tag{2.2}$$

3. 余弦相似度

余弦相似度使用向量空间中两个向量夹角的余弦值来衡量两个样本差异的大小，如图 2.5 所示。余弦值越接近 1，说明两个向量夹角越接近 0°，两个向量越相似。相比欧氏距离，余弦距离更加注重两个向量在方向上的差异。

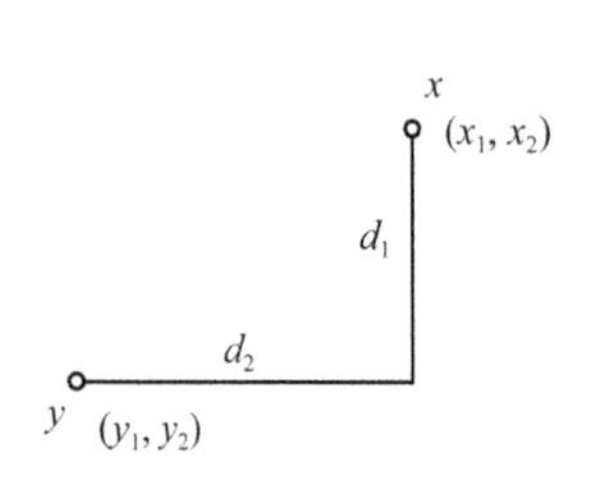

图 2.4　曼哈顿距离

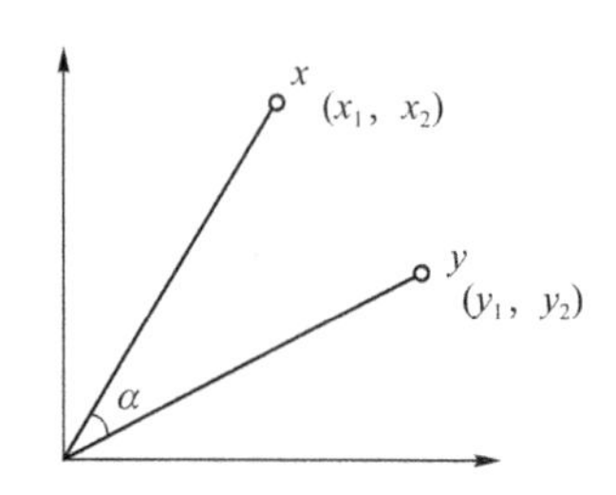

图 2.5　余弦相似度计算

计算公式为

$$\cos\alpha=\frac{x_1y_1+x_2y_2+\cdots+x_ny_n}{\sqrt{x_1^2+x_2^2+\cdots+x_n^2}\sqrt{y_1^2+y_2^2+\cdots+y_n^2}} \tag{2.3}$$

除了上述常用的相似度度量方法外，还有马氏距离、皮尔逊相关系数等方法。有兴趣的读者可以查阅相关资料。

2.3.3 决策策略

在 k 近邻算法中的分类决策规则往往是多数表决，即找到输入样本的 k 个近邻样本，其中哪个类别的样本最多，输入样本就是哪个类别。在实际使用时，读者可以根据实际情况，构建自己的决策策略，如给近邻样本赋予不同的权值，权值与距离成反比。

2.4 实际应用

2.4.1 KNeighborsClassifier 类介绍

在本书中所有案例使用的编程语言都是 Python3。

在 Python 语言的 sklearn 库中，提供了一个 KNeighborsClassifier 类来实现 k 近邻分类模型。可以使用 sklearn. neighbors. KNeighborsClassifier 创建一个 k 近邻分类器。

KNeighborsClassifier 类的构造函数的参数介绍如表 2.1 所示。

表 2.1　KNeighborsClassifier 类的构造函数参数介绍

参　数	含　义
n_neighbors	用于指定分类器中 k 的大小(默认值为 5)
weights	设置选中的 k 个近邻点的投票权重，默认值为平均权重“uniform”。 可以选择“distance”代表越近的点权重越高，或者传入自己编写的以距离为参数的权重计算函数
algorithm	指定计算最近邻的算法，默认为 auto，根据训练数据自动选择。 ball_tree：使用 BallTree 算法。 kd_tree：使用 KDTree 算法。 brute：使用暴力搜索法

KNeighborsClassifier 类的对象的常用方法如表 2.2 所示。

表 2.2　KNeighborsClassifier 类的对象的常用方法

函数名	功　能	说　明
fit(X,Y)	训练模型	X 为训练数据 ,Y 为标签
predict(X)	根据提供的数据预测对应的标签	将需要分类的数据构造为数组形式，作为参数传入，返回分类标签
score(X, Y)	返回给定测试数据和标签的平均准确值	X 为训练数据，Y 为标签
kneighbors([X, n_neighbors, return_distance])	查找一个或几个点的 k 个邻居	返回每个点的下标和到邻居的距离

下面在具体实例中进行应用，我们构建一个 KNeighborsClassifier 类的对象，然后，从数组中获取数据，查询哪两个点离点[0,3,0] 最近。

代码：

```
#训练数据
X = [[0, 0, 0], [0, 0, 4], [0, 4, 0]]
#标签
Y = [1, 0, 1]
#导入模块
from sklearn.neighbors import KNeighborsClassifier

#产生K近邻分类器对象
neigh = KNeighborsClassifier(n_neighbors = 2)
#进行学习
neigh.fit(X, Y)
#查看测试点的邻居情况
print(neigh.kneighbors([[0, 3, 0]]))
```

结果：

```
(array([[1. , 3.]]), array([[2, 0]], dtype = int64))
```

如上所示，返回值为 array([[1. , 3.]]) 和 array([[2, 0]]。意思是点[0, 3, 0]离最近两个点的距离分别为 1 和 3，这两个点是第 2 个点[0, 4, 0]和第 0 个点[0, 0, 0](下标从 0 开始)。

2.4.2 小试牛刀

这里根据图 2.1 中的数据，使用 KNeighborsClassifier 类实现分类算法。

(1) 准备数据。

创建一组数据 X 和它对应的标签 Y，A 类用 0 表示，B 类用 1 表示。

```
X = [[0.5, 2],
     [1, 1],
     [1, 3],
     [1.5, 1.5],
     [2, 4],
     [3, 3],
     [2, 3],
     [2, 2],
     [3, 2],
     [3, 5],
     [4, 1],
     [4, 3],
     [5, 1.5]]

Y = [0, 0, 0, 0, 0, 0, 1, 1, 1, 1, 1, 1, 1]
```

(2) 使用 import 语句导入 k 近邻分类器。

```
from sklearn.neighbors import KNeighborsClassifier
```

(3) 设置参数，创建 KNeighborsClassifier 的对象。

例如，将参数 n_neighbors 设置为 3，即使用最近的 3 个邻居作为分类的依据，其他参数保持默认值，并将创建好的实例对象赋给变量 neighbor。

```
neighbor = KNeighborsClassifier(n_neighbors = 3)
```

(4) 调用 fit() 函数，将训练数据 X 和 标签 Y 送入分类器进行学习。

```
neighbor.fit(X, Y)
```

(5) 调用 predict() 函数，对未知分类样本 [2.5,3.5] 进行分类，将需要分类的数据构造为数组形式并作为参数传入，得到分类标签作为返回值。

```
print(neighbor.predict([[2.5, 3.5]]))
```

结果：

```
[0]
```

样例输出值是 0，表示 k 近邻分类器通过计算样本[2.5,3.5]与其他样本的距离，取最近的 3 个邻居进行投票，最终将样本分为类别 0，即 A 类。这个结果与图 2.1 中显示的结果一致。

2.4.3 实战演示

在本节实例中，使用的数据集是 sklearn 库中自带的鸢尾花数据集。该数据集是一个经典数据集，在统计学习和机器学习领域中都经常被用作示例。

鸢尾花数据集包含(Iris Setosa，Iris Versicolour，Iris Virginica)3 类样本，共 150 条记录，每类样本数为 50。前面 50 个样本类标签为 0；中间 50 个类标签为 1；后面 50 个类标签为 2。

每个样本有 4 项特征：花萼长度、花萼宽度、花瓣长度、花瓣宽度。可以通过这 4 个特征预测鸢尾花属于哪个类别。

代码：

```
#导入自带鸢尾花数据集
from sklearn.datasets import load_iris
#导入绘图库
import matplotlib.pyplot as plt

#以(data, target)形式返回数据
iris = load_iris()

#提取特征
X = iris.data
#提取标签
Y = iris.target
```

```
# 导入K近邻分类器
from sklearn.neighbors import KNeighborsClassifier

# 导入划分训练集和测试集的函数
from sklearn.model_selection import train_test_split

# 导入度量类库
from sklearn import metrics

# 随机划分为训练集和测试集
X_train, X_test, Y_train, Y_test = train_test_split(X, Y)

# 记录不同K值时,预测的准确率
accuracy = []
ks = []
for k in range(1, 100, 5):
    # 使用最近的n_neighbors个邻居作为分类的依据
    knn = KNeighborsClassifier(n_neighbors = k)
    # 用训练集中的样本进行学习
    knn.fit(X_train, Y_train)
    # 对测试集中的样本进行预测
    Y_pred = knn.predict(X_test)

    # 计算准确率
    acc = metrics.accuracy_score(Y_test, Y_pred)

    ks.append(k)
    accuracy.append(acc)


plt.plot(ks, accuracy, marker = 'o')
plt.xlabel('K')
plt.ylabel('accuracy')
plt.show()
```

结果如图 2.6 所示。

在程序中,k 值的选取范围在 1 至 100 之间。从上面的结果可以看出,当 k 值小于 50 时,算法的识别准确率在 90%以上,当 k 值大于 60 时,准确率急速下降。k 值的选取对 k 近邻算法的识别准确率影响很大。

由于训练集和测试集每次都是随机划分的,所以多次运行的结果不一定相同。

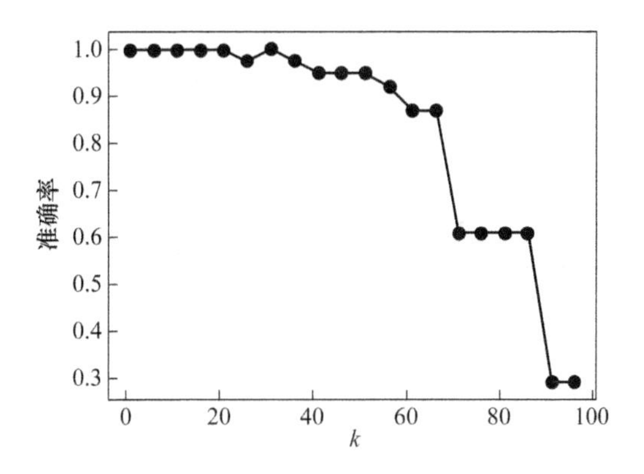

图 2.6　不同 k 值时算法的识别准确率

2.5　本章小结

本章为大家讲解的 k 近邻算法没有训练过程，在测试时，需计算测试样本和所有训练样本的距离，根据最近的 k 个训练样本的类别，通过投票的方式进行预测。

k 近邻算法优点：算法思想简单，易于理解，易于实现，无须训练。

k 近邻算法缺点：在数据量很大的情况下，计算当前点和所有点的距离，再选出最近的 k 个点进行决策，这个计算量很大。

第3章　决　策　树

本章的知识点是决策树算法，它是机器学习中一个经典的有监督学习算法，被广泛应用于制造生产、金融分析、天文学、分子生物学等多个领域。本章首先为大家讲解几种生成决策树的常用算法，如ID3、C4.5、CART等，然后介绍几种模型评估方法，最后通过实例教大家如何使用决策树。

3.1　决策树算法介绍

决策树是一种树形结构，由分支结点和叶结点组成，通过顺序询问样本点的属性，跟踪一条由根结点到叶结点的路径，决定样本的最终类别。树中的每个分支结点表示样本属性的判断条件，分支表示属性满足某个条件的样本。树中的叶结点是样本的分类结果。

具体步骤如下。

第一步，根据分支算法，选择样本的某个属性作为分支结点，构建决策树。首先构建根结点，将所有训练样本都放在根结点，选择一个最优属性。按这一属性将训练样本分割成不同的子集，如果某个子集内的样本属于同一类别，那么形成属于该类别的叶结点。如果某个子集内的样本不属于同一类别，那么对该子集内的样本选择新的最优属性，继续对其进行分割，构建分支结点，如此递归进行，直到每个子集内的样本属于同一类别，或者找不到合适的属性分割为止。

第二步，为了使决策树更加完善，可以对其进行剪枝。

第三步，对于测试样本，从树根开始自顶向下，按照树中的结点依次进行判断，进入不同的分支，最终到达叶结点，得到样本的分类结果。

图3.1是一棵构建好的订餐决策树，用于预测学生是“叫外卖”还是“去食堂”。学生主要有3个属性：“外卖是否有优惠”“是否下雨”和“作业是否完成”。每个分支结点都表示一个属性判断条件，叶结点表示最终的预测结果。

根据图3.1中的决策树，对同学甲“外卖没优惠，晴天，作业已经完成”进行测试。通过决策树的根结点先判断“外卖是否有优惠”，同学甲符合右分支（外卖没有优惠）；再判断“是否下雨”，同学甲符合右分支（没有下雨）；最后判断“作业是否完成”，同学甲符合左分支（作业已经完成）。最终该同学落在“去食堂”的叶结点上，预测该同学会去食堂用餐。

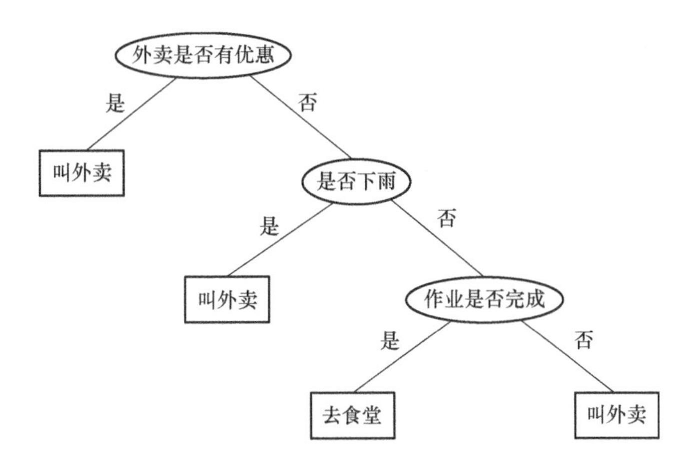

图 3.1 订餐决策树

3.2 构建决策树的方法

3.1 节已经简单地展示了如何用已有的决策树进行分类。本节为大家介绍如何构建决策树。构建决策树的关键在于确定每个分支结点所选择的样本属性，为结点选择一个合适的属性，可以快速地分类，减少树的深度。

决策树的目的就是对样本进行分类。在分支结点所选的属性对训练样本要具有分类能力，这就要求每个分支中样本的类别纯度尽可能高。那么按某个属性将样本划分后，如何度量得到的分支中样本的纯度？下面给大家介绍两种纯度计算方法。

3.2.1 信息熵

为了量化分支中样本的纯度，引入信息熵（Information Entropy）的概念。信息熵是度量样本纯度最常用的一种指标，对于集合 S，其定义为

$$\text{Entropy}(S) = -\sum_{i=1}^{m} p_i \log_2 p_i \tag{3.1}$$

其中，m 是样本的类别数目，p_i 是第 i 类样本所占的比例。

信息熵的特点：信息熵越小，样本纯度越高。为了验证这个特点，我们举个例子。例如，存在图 3.2 中的样本集 $S=\{1,2,3,4,5,6,7,8,9\}$ 有两个类别，样本 1 至样本 5 属于同一类，用圆形表示，样本 6 至样本 9 属于同一类，用三角形表示。此时，图中的样本纯度（即熵）为

$$\text{Entropy}(S) = -\left(\frac{5}{9}\log_2\frac{5}{9} + \frac{4}{9}\log_2\frac{4}{9}\right) \approx 0.991 \tag{3.2}$$

注意，计算对数时可以利用换底公式，转换成以 10 为底的形式，如 $\log_2\frac{5}{9} = \frac{\log_{10}\frac{5}{9}}{\log_{10}2}$。

为了将图 3.2 中的两类样本区分开，现有图 3.3 和图 3.4 两种划分方式。能直观地看出图 3.4 的划分方式使得左右两边的样本更纯，左右两边的样本都为单一类别。

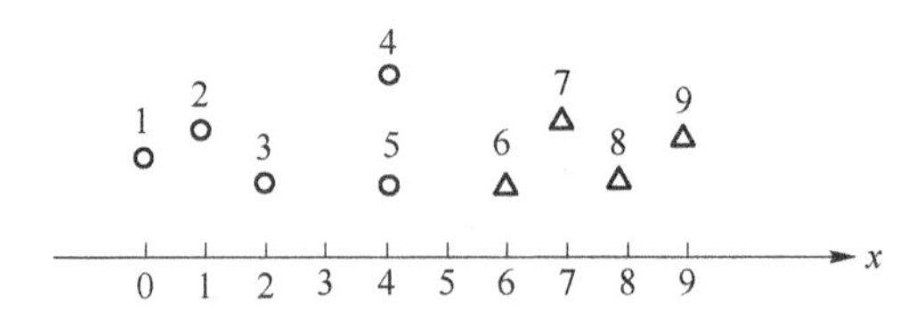

图 3.2　分类示例

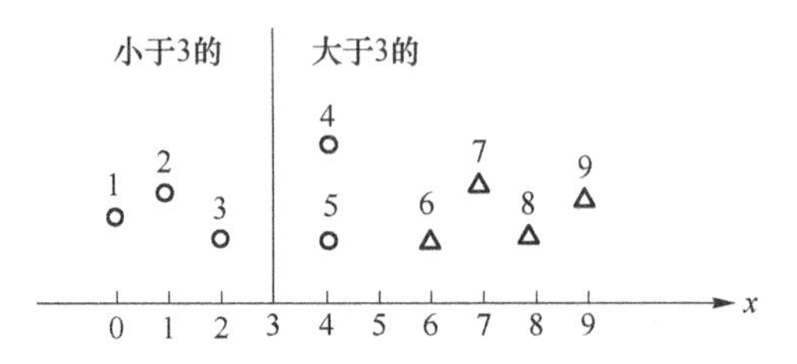

图 3.3　从 $x=3$ 的位置划分

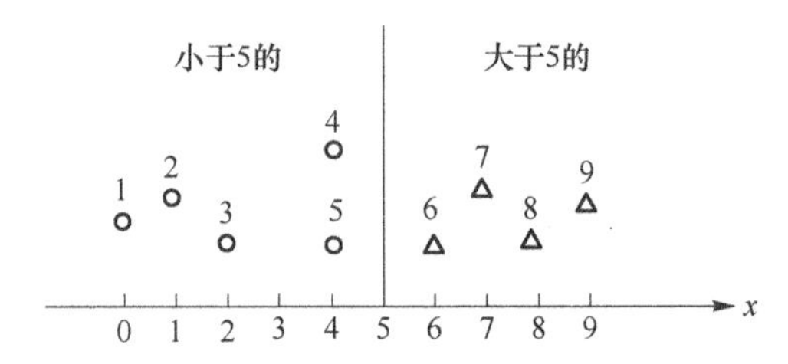

图 3.4　从 $x=5$ 的位置划分

下面分别计算这两种划分方式的信息熵，进行验证。

在图 3.3 中，左边样本集合为 $a_1=\{1,2,3\}$，信息熵为

$$\text{Entropy}(a_1)=-\frac{3}{3}\log_2\frac{3}{3}=0 \tag{3.3}$$

在图 3.3 中，右边样本集合为 $a_2=\{4,5,6,7,8,9\}$，信息熵为

$$\text{Entropy}(a_2)=-\left(\frac{2}{6}\log_2\frac{2}{6}+\frac{4}{6}\log_2\frac{4}{6}\right)\approx 0.918 \tag{3.4}$$

图 3.3 左右两边样本的信息熵和为 0.918。

在图 3.4 中，左边样本集合为 $b_1=\{1,2,3,4,5\}$，信息熵为

$$\text{Entropy}(b_1)=-\frac{5}{5}\log_2\frac{5}{5}=0 \tag{3.5}$$

在图 3.4 中，右边样本集合 $b_2=\{6,7,8,9\}$，信息熵为

$$\text{Entropy}(b_2)=-\frac{4}{4}\log_2\frac{4}{4}=0 \tag{3.6}$$

图 3.4 左右两边样本的信息熵和为 0。

图 3.4 划分后的信息熵小于图 3.3 划分后的信息熵，所以图 3.4 的划分方式更好，这与我们的直观感受是一致的。

3.2.2 信息增益

在决策树算法中,我们不再单纯地使用信息熵,而是使用信息熵的变化量——信息增益(Information Gain)。

训练样本经过决策树中的分支结点进行分裂后,纯度提高,熵降低。熵的减少值就是该结点分割样本后的信息增益。信息增益等于划分前的信息熵减划分后信息熵的加权和,公式为

$$\mathrm{Gain}(S,A)=\mathrm{Entropy}(S)-\sum_{i=1}^{k}\frac{|S_i|}{|S|}\mathrm{Entropy}(S_i) \tag{3.7}$$

其中,$\mathrm{Gain}(S,A)$表示在集合 S 中根据属性 A 的值进行划分,$\mathrm{Entropy}(S)$是划分前的信息熵,k 是划分后的分支数,$\frac{|S_i|}{|S|}$是划分后第 i 个分支中样本所占的比例,$\mathrm{Entropy}(S_i)$是划分后第 i 个分支的信息熵。

图 3.3 划分方式的信息增益为

$$\begin{aligned}&\mathrm{Entropy}(S)-\left(\frac{3}{9}\mathrm{Entropy}(a_1)+\frac{6}{9}\mathrm{Entropy}(a_2)\right)\\&\approx 0.991-\left(\frac{3}{9}\times 0+\frac{6}{9}\times 0.918\right)=0.379\end{aligned} \tag{3.8}$$

图 3.4 划分方式的信息增益为:

$$\begin{aligned}&\mathrm{Entropy}(S)-\left(\frac{5}{9}\mathrm{Entropy}(b_1)+\frac{4}{9}\mathrm{Entropy}(b_2)\right)\\&\approx 0.991-\left(\frac{5}{9}\times 0+\frac{4}{9}\times 0\right)=0.991\end{aligned} \tag{3.9}$$

信息增益越大,越能更好地区分两种类别,通过计算信息增益,也能看出图 3.4 的划分方式更好。

3.2.3 ID3 算法

ID3 算法的思想是在决策树分支结点处,根据某个属性值对样本进行分割时,选取能获得最高信息增益的属性。

具体方法如下。

(1) 从根结点(Root Node)开始,计算所有可选属性的信息增益,为该结点选择信息增益最大的属性,对样本进行分割。

(2) 根据所选属性的取值,建立子结点,对子结点递归地调用上述方法,构建决策树,直到所有属性的信息增益均很小或没有属性可选为止。

下面我们针对表 3.1 中的样本,采用 ID3 算法,建立决策树,预测“下雨,气温热,风速弱”的情况是否去游泳。

表 3.1 训练样本

编号	天气	气温	风速	是否去游泳
1	下雨	冷	强	否
2	下雨	冷	弱	否
3	下雨	正常	强	否
4	下雨	正常	弱	否
5	晴天	冷	强	否
6	晴天	冷	弱	是
7	晴天	热	强	是
8	晴天	热	弱	是
9	晴天	正常	强	是
10	晴天	正常	弱	是
11	阴天	冷	强	否
12	阴天	冷	弱	否
13	阴天	正常	强	是
14	阴天	正常	弱	是

最初树为空，首先选择一个属性分支作为根结点。有 3 个属性可供选择："天气""气温"和"风速"。

在最初的训练样本中，一共 14 个样本，其中，7 个去游泳，7 个不去游泳，初始熵为

$$E(\text{初始})=-\left(\frac{7}{14}\log_2\frac{7}{14}+\frac{7}{14}\log_2\frac{7}{14}\right)=-(-0.5-0.5)=1 \tag{3.10}$$

选择"天气"作为划分属性，如图 3.5 所示。

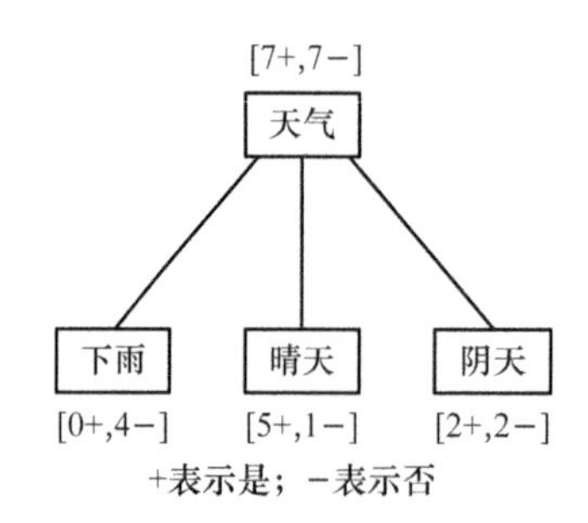

图 3.5 第一次划分选择"天气"属性

$$E(\text{下雨})=-\left(\frac{0}{4}\log_2\frac{0}{4}+\frac{4}{4}\log_2\frac{4}{4}\right)=-(0+0)=0 \tag{3.11}$$

$$E(\text{晴天})=-\left(\frac{5}{6}\log_2\frac{5}{6}+\frac{1}{6}\log_2\frac{1}{6}\right)\approx-(-0.219-0.429)=0.648 \tag{3.12}$$

$$E(\text{阴天})=-\left(\frac{2}{4}\log_2\frac{2}{4}+\frac{2}{4}\log_2\frac{2}{4}\right)=-(-0.5-0.5)=1 \tag{3.13}$$

此时，选择"天气"属性划分的信息增益为

$$\begin{aligned}\text{Gain}(\text{最初},\text{天气})&=E(\text{最初})-\left[\frac{4}{14}E(\text{下雨})+\frac{6}{14}E(\text{晴天})+\frac{4}{14}E(\text{阴天})\right]\\&\approx1-[0+0.278+0.286]=0.436\end{aligned} \tag{3.14}$$

选择“气温”作为划分属性，如图 3.6 所示。

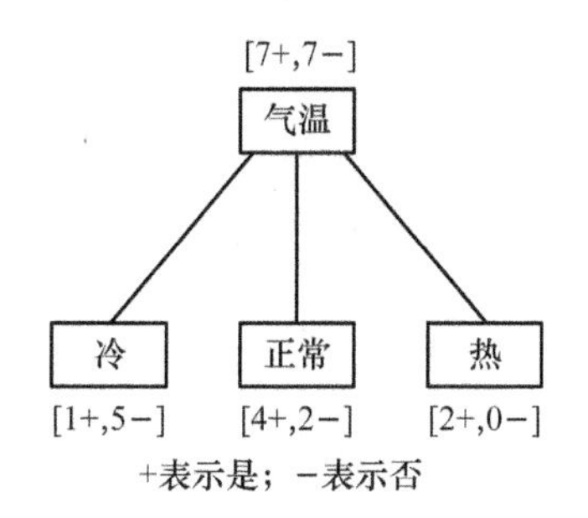

图 3.6　第一次划分选择“气温”属性

$$E(\text{冷})=-\left(\frac{1}{6}\log_2\frac{1}{6}+\frac{5}{6}\log_2\frac{5}{6}\right)\approx-(-0.429-0.219)=0.648 \tag{3.15}$$

$$E(\text{正常})=-\left(\frac{4}{6}\log_2\frac{4}{6}+\frac{2}{6}\log_2\frac{2}{6}\right)\approx-(-0.390-0.528)=0.918 \tag{3.16}$$

$$E(\text{热})=-\left(\frac{2}{2}\log_2\frac{2}{2}+\frac{0}{2}\log_2\frac{0}{2}\right)=-(0+0)=0 \tag{3.17}$$

此时，选择“气温”属性划分的信息增益为

$$\begin{aligned}\text{Gain}(\text{最初},\text{气温})&=E(\text{最初})-\left[\frac{6}{14}E(\text{冷})+\frac{6}{14}E(\text{正常})+\frac{2}{14}E(\text{热})\right]\\&\approx1-[0.278+0.393+0]=0.329\end{aligned} \tag{3.18}$$

选择“风速”作为划分属性，如图 3.7 所示。

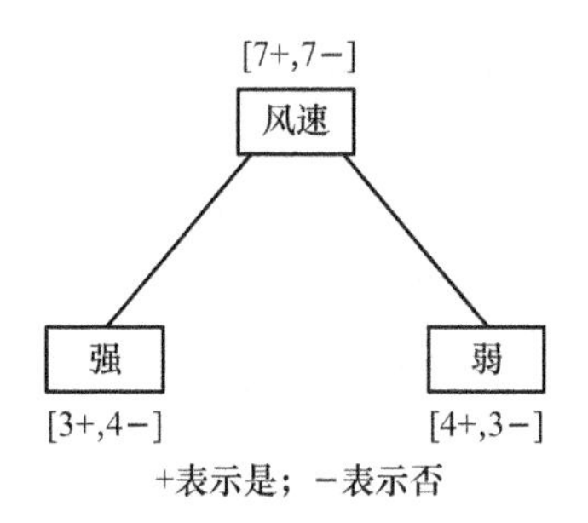

图 3.7　“风速”作为第一次划分

$$E(\text{强})=-\left(\frac{3}{7}\log_2\frac{3}{7}+\frac{4}{7}\log_2\frac{4}{7}\right)\approx-(-0.524-0.426)=0.950 \tag{3.19}$$

$$E(\text{弱})=-\left(\frac{4}{7}\log_2\frac{4}{7}+\frac{3}{7}\log_2\frac{3}{7}\right)\approx-(-0.426-0.524)=0.950 \tag{3.20}$$

此时，选择“风速”属性划分的信息增益为

$$\begin{aligned}\text{Gain}(\text{最初},\text{风速})&=E(\text{最初})-\left[\frac{7}{14}E(\text{强})+\frac{7}{14}E(\text{弱})\right]\\&\approx1-[0.475+0.475]=0.050\end{aligned} \tag{3.21}$$

经过比较，选择“天气”属性划分的信息增益最大，因此作为根结点。当前决策树的情况如图 3.5 所示。对于划分后的每个子集，再次选取属性进行划分。

对“天气”属性值为“下雨”的子集继续划分时，发现此时 4 个样本的分类结果均为“否”，因此这个子集不需要再划分。

对“天气”属性值为“晴天”的子集继续划分，可以选择“气温”“风速”两个属性。选择“气温”属性划分“晴天”的子集，如图 3.8 所示。

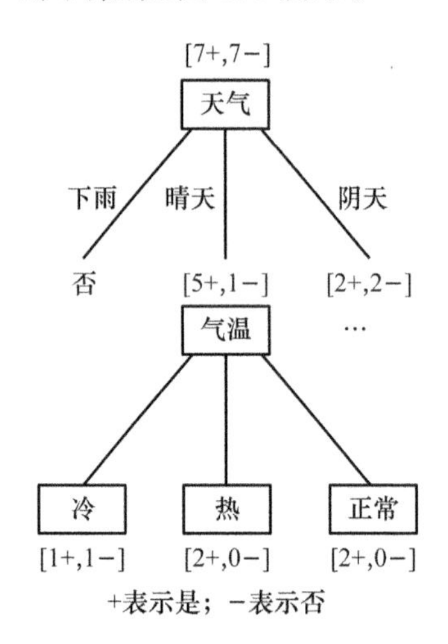

图 3.8 “气温”属性划分“晴天”子集

$$E(\text{冷})=-\left(\frac{1}{2}\log_2\frac{1}{2}+\frac{1}{2}\log_2\frac{1}{2}\right)=-(-0.5-0.5)=1 \tag{3.22}$$

$$E(\text{热})=-\left(\frac{2}{2}\log_2\frac{2}{2}+\frac{0}{2}\log_2\frac{0}{2}\right)=-(0+0)=0 \tag{3.23}$$

$$E(\text{正常})=-\left(\frac{2}{2}\log_2\frac{2}{2}+\frac{0}{2}\log_2\frac{0}{2}\right)=-(0+0)=0 \tag{3.24}$$

此时，选择“气温”属性划分的信息增益为

$$\begin{aligned}\text{Gain}(\text{晴天},\text{气温})&=E(\text{晴天})-\left[\frac{2}{6}E(\text{冷})+\frac{2}{6}E(\text{热})+\frac{2}{6}E(\text{正常})\right]\\&\approx 0.648-[0.333+0+0]=0.315\end{aligned} \tag{3.25}$$

选择“风速”属性划分“晴天”的子集，如图 3.9 所示。

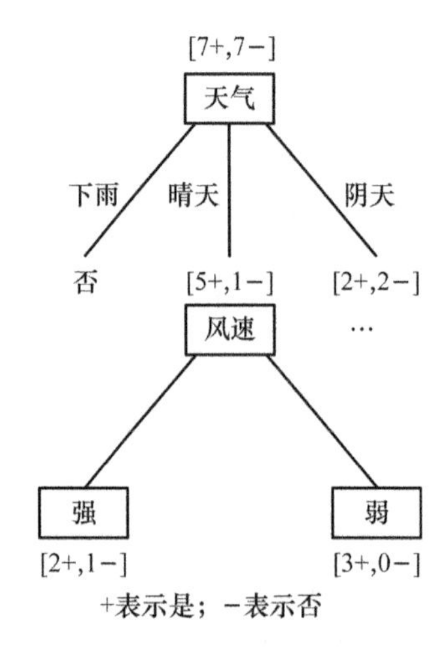

图 3.9 “风速”属性划分“晴天”子集

$$E(强)=-\left(\frac{2}{3}\log_2\frac{2}{3}+\frac{1}{3}\log_2\frac{1}{3}\right)\approx-(-0.389-0.528)=0.918 \tag{3.26}$$

$$E(弱)=-\left(\frac{3}{3}\log_2\frac{3}{3}+\frac{0}{3}\log_2\frac{0}{3}\right)=-(0+0)=0 \tag{3.27}$$

此时，选择“风速”属性划分的信息增益为

$$\begin{aligned}\text{Gain}(晴天,风速)&=E(晴天)-\left[\frac{3}{6}E(强)+\frac{3}{6}E(弱)\right]\\&\approx0.648-[0.459+0]=0.189\end{aligned} \tag{3.28}$$

经过比较，对于“天气”属性值为“晴天”的子集，选择“气温”属性划分的信息增益最大，“气温”作为划分属性。

当前决策树的情况如图3.8所示。对于“气温”属性的三个属性值(“冷”“热”和“正常”)继续划分。其中，“气温”属性值为“热”和“正常”时，样本的分类结果均为“是”，因此已经不需要再次划分。只需要继续划分值为“冷”的分支。此时，可选择的属性只剩“风速”属性，如图3.10所示。

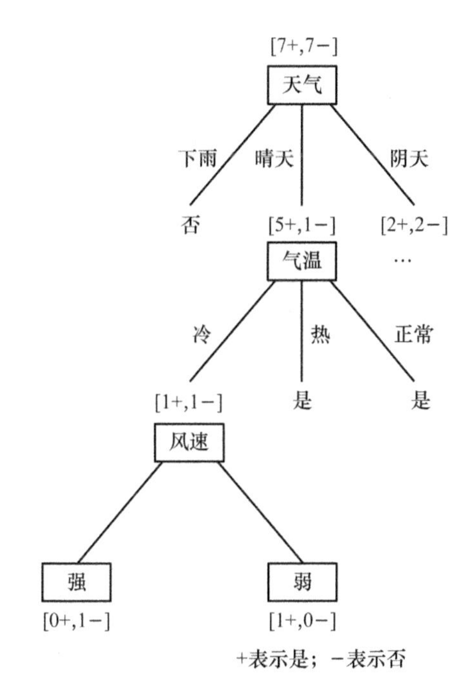

图3.10 “风速”属性划分“冷”子集

$$E(强)=-\left(\frac{0}{1}\log_2\frac{0}{1}+\frac{1}{1}\log_2\frac{1}{1}\right)=-(0+0)=0 \tag{3.29}$$

$$E(弱)=-\left(\frac{1}{1}\log_2\frac{1}{1}+\frac{0}{1}\log_2\frac{0}{1}\right)=-(0+0)=0 \tag{3.30}$$

此时，选择“风速”属性划分的信息增益为

$$\begin{aligned}\text{Gain}(冷,风速)&=E(冷)-\left[\frac{1}{2}E(强)+\frac{1}{2}E(弱)\right]\\&=1-[0+0]=1\end{aligned} \tag{3.31}$$

此时只剩"风速"一个属性可选，并且可以把不同类别的样本完全分开，从计算结果也能看出此时的信息增益值很大。

到目前为止，已经完成了决策树根结点前两个分支的构建，如图 3.11 所示。

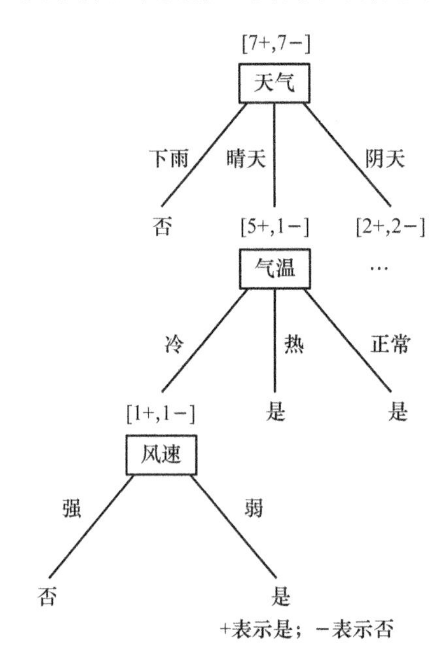

图 3.11 决策树部分完成图

下面继续完成对"天气"属性值为"阴天"的子集划分，可以选择"气温""风速"两个属性。选择"气温"属性划分"阴天"的子集，如图 3.12 所示。

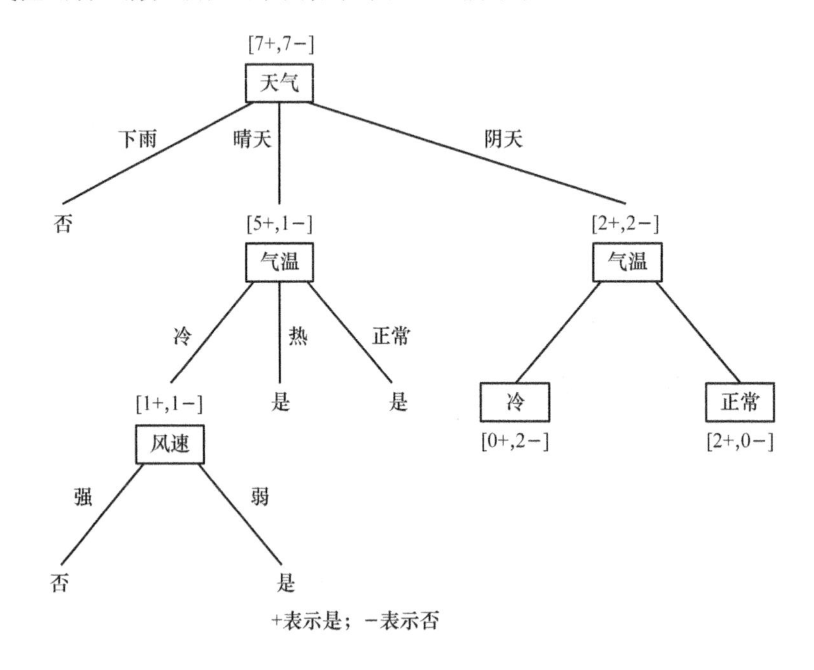

图 3.12 "气温"属性划分"阴天"子集

$$E(\text{冷})=-\left(\frac{0}{2}\log_2\frac{0}{2}+\frac{2}{2}\log_2\frac{2}{2}\right)=-(0+0)=0 \tag{3.32}$$

$$E(\text{正常})=-\left(\frac{2}{2}\log_2\frac{2}{2}+\frac{0}{2}\log_2\frac{0}{2}\right)=-(0+0)=0 \tag{3.33}$$

此时，选择“气温”属性划分的信息增益为

$$\begin{aligned}\text{Gain}(\text{阴天},\text{气温})&=E(\text{阴天})-\left[\frac{2}{4}E(\text{冷})+\frac{2}{4}E(\text{正常})\right]\\&=1-[0+0]=1\end{aligned} \tag{3.34}$$

选择“风速”属性划分“阴天”的子集，如图 3.13 所示。

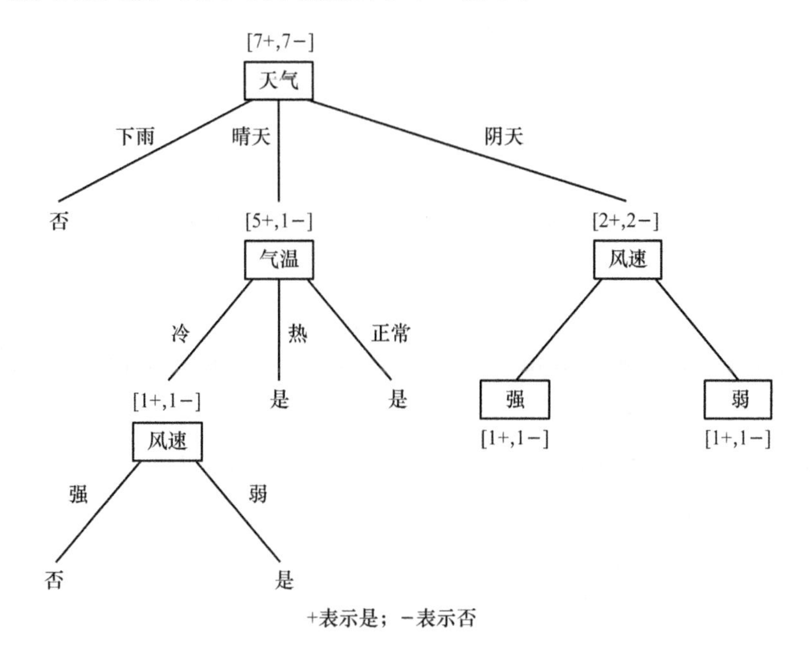

图 3.13 “风速”属性划分“阴天”子集

$$E(\text{强})=-\left(\frac{1}{2}\log_2\frac{1}{2}+\frac{1}{2}\log_2\frac{1}{2}\right)=-(-0.5-0.5)=1 \tag{3.35}$$

$$E(\text{弱})=-\left(\frac{1}{2}\log_2\frac{1}{2}+\frac{1}{2}\log_2\frac{1}{2}\right)=-(-0.5-0.5)=1 \tag{3.36}$$

此时，选取“风速”作为划分的信息增益为

$$\begin{aligned}\text{Gain}(\text{阴天},\text{风速})&=E(\text{阴天})-\left[\frac{2}{4}E(\text{强})+\frac{2}{4}E(\text{弱})\right]\\&=1-[0.5+0.5]=0\end{aligned} \tag{3.37}$$

经过比较，对于“天气”属性值为“阴天”的子集，选择“气温”属性划分的信息增益最大，并且可以把不同类别的样本完全分开，因此将“气温”作为划分属性。

至此，根据表 3.1 中的样本构建决策树的过程结束，最终的决策树如图 3.14 所示。

对于测试样本“下雨，气温热，风速弱”，我们根据图 3.14 中的决策树进行预测。首先判断根结点“天气”的属性值，“下雨”选择最左边的分支，预测结果为否。

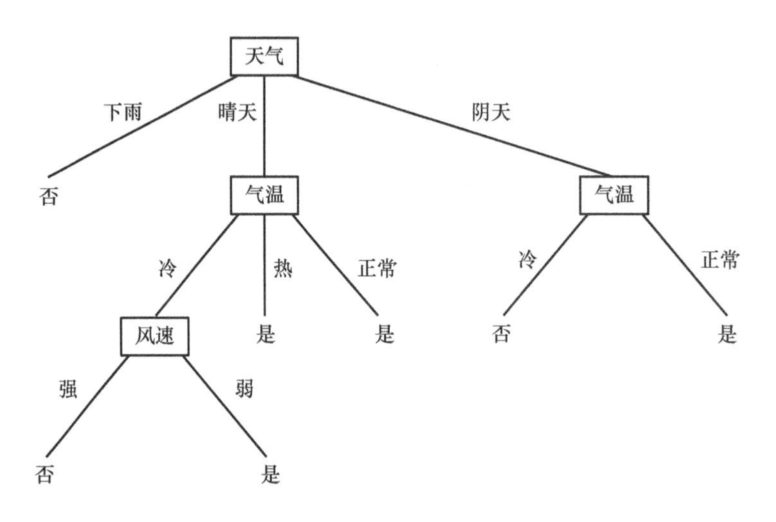

图 3.14 最终决策树

通过前面的详细介绍，大家已经熟悉了采用 ID3 算法生成决策树的计算过程，但 ID3 算法也存在一些不足。

(1) 样本的属性值为连续值时，ID3 算法使用困难，此时要考虑如何使数值离散化。

(2) ID3 算法根据信息增益值建立决策树的结点，这对取值数目较多的属性有所偏好。因为属性值越多，每个属性值形成的分支越多，这造成样本被分成很多份。这样每个分支中的样本越容易属于同一类，分支中的样本属于同一类时，熵值最低，为 0。

(3) 没有考虑过拟合的问题。过拟合(Over-Fitting)也称为过学习，它的直观表现是算法在训练集上表现好，但在测试集上表现不好，泛化性能差。

3.2.4 C4.5 算法

C4.5 算法是由 J. Ross Quinlan 在 ID3 算法的基础上提出的，其总体思路与 ID3 算法类似，区别在于构建决策树过程中结点属性的选取方法。ID3 算法使用信息增益作为度量，而 C4.5 算法采用信息增益率作为度量。

对于集合 S，假设根据属性 A 的值进行划分，采用 C4.5 算法，信息增益率的计算公式为

$$\text{GainRatio}(S,A)=\frac{\text{Gain}(S,A)}{-\sum_{i=1}^{k}\frac{|S_i|}{|S|}\log_2\frac{|S_i|}{|S|}} \tag{3.38}$$

其中，k 是属性 A 取值的数目。

从式(3.38)可以看出，当属性 A 的取值比较多时，分母会迅速变大，信息增益率会明显降低，在一定程度上能够避免 ID3 算法对取值数目较多属性的偏好。

举例说明，根据表 3.1 中的数据，我们通过计算信息增益率，寻找最合适的属性分支作为根结点。有三个属性可供选择："天气""气温"和"风速"。

$$\text{GainRatio}(\text{最初},\text{天气}) = \frac{\text{Gain}(\text{最初},\text{天气})}{-\sum_{i=1}^{k}\frac{|S_i|}{|S|}\log_2\frac{|S_i|}{|S|}}$$
$$= \frac{E(\text{最初}) - \left[\frac{4}{14}E(\text{下雨}) + \frac{6}{14}E(\text{晴天}) + \frac{4}{14}E(\text{阴天})\right]}{-\left(\frac{4}{14}\log_2\frac{4}{14} + \frac{6}{14}\log_2\frac{6}{14} + \frac{4}{14}\log_2\frac{4}{14}\right)}$$
$$\approx \frac{1-[0+0.278+0.286]}{-(-0.516-0.524-0.516)} = \frac{0.436}{1.556} \approx 0.280 \tag{3.39}$$

$$\text{GainRatio}(\text{最初},\text{气温}) = \frac{\text{Gain}(\text{最初},\text{气温})}{-\sum_{i=1}^{k}\frac{|S_i|}{|S|}\log_2\frac{|S_i|}{|S|}}$$
$$= \frac{E(\text{最初}) - \left[\frac{6}{14}E(\text{冷}) + \frac{6}{14}E(\text{正常}) + \frac{2}{14}E(\text{热})\right]}{-\left(\frac{6}{14}\log_2\frac{6}{14} + \frac{6}{14}\log_2\frac{6}{14} + \frac{2}{14}\log_2\frac{2}{14}\right)} \tag{3.40}$$
$$\approx \frac{1-[0.278+0.393+0]}{-(-0.524-0.524-0.401)} = \frac{0.329}{1.449} \approx 0.227$$

$$\text{GainRatio}(\text{最初},\text{风速}) = \frac{\text{Gain}(\text{最初},\text{风速})}{-\sum_{i=1}^{k}\frac{|S_i|}{|S|}\log_2\frac{|S_i|}{|S|}}$$
$$= \frac{E(\text{最初}) - \left[\frac{7}{14}E(\text{强}) + \frac{7}{14}E(\text{弱})\right]}{-\left(\frac{7}{14}\log_2\frac{7}{14} + \frac{7}{14}\log_2\frac{7}{14}\right)} \tag{3.41}$$
$$\approx \frac{1-[0.475+0.475]}{-(-0.5-0.5)} = \frac{0.050}{1} = 0.05$$

经过比较，选择“天气”属性划分的信息增益率最大，因此作为根结点。后续结点的建立步骤可仿照前面建树的过程，读者自行练习。

3.2.5 CART 算法

CART(Classification And Regression Tree，分类与回归树)算法采用 Gini 指数来衡量样本的不纯度，构建的决策树是二叉树，每次把当前样本集划分为两个子集。如果分支属性的取值大于两个，在分裂时会对属性值进行组合，选择最佳的两个组合分支。

例如，某属性存在 k 个不同的取值，每个属性值都有 2 种分法(分到左子树或右子树)，共有 2^k 种分法。因为左右分支等价，所以应该缩小一半，有 $\frac{2^k}{2}$ 种分法，又由于左子树或右子树不能为空，则还需要减少 1 种方法。最终 k 个属性值的分支属性生成两个分支的分裂方法共有 $2^{k-1}-1$ 种。在这些分裂方式中，在结点属性的选取时依据 Gini 指标选出最佳的一种。

Gini 指数的英文名称为 Gini Coefficient，是 20 世纪初意大利学者吉尼根据劳伦茨曲线定义的，用来判断收入分配的公平程度。

对于集合 S，计算 Gini 指标的公式为

$$\mathrm{Gini}(S)=\sum_{i=1}^{k}p_i(1-p_i)=1-\sum_{i=1}^{k}p_i^2 \tag{3.42}$$

其中，k 为集合 S 的类别数，p_i 是 i 类样本所占的比例。

如果样本集合 S 根据某个属性 A 被分割为 S_1、S_2 两个部分，那么在属性 A 的条件下，集合 S 的 Gini 指数的定义为

$$\mathrm{Gini}(S,A)=\frac{S_1}{S}\mathrm{Gini}(S_1)+\frac{S_2}{S}\mathrm{Gini}(S_2) \tag{3.43}$$

$\mathrm{Gini}(S,A)$表示根据属性 A 对集合 S 进行分割时，集合 S 的不确定性。值越大，分割后的不确定性越大。我们需要确保分割后的 Gini 指数值最小。

举例说明，根据表 3.1 中的样本，我们通过计算 Gini 指数，选取最合适的属性分支作为根结点。CART 算法需要计算样本每个属性可能取值的基尼系数。对于根结点有三个属性可供选择："天气""气温"和"风速"。

"天气"这个属性，有 3 种取值："下雨""晴天""阴天"。那么根据属性值可以分成{下雨}和{晴天，阴天}、{晴天}和{下雨，阴天}、{阴天}和{下雨，晴天}3 种情况，计算这 3 种组合的 Gini 系数。

$$\begin{aligned}\mathrm{Gini}(天气)&=\frac{4}{14}\mathrm{Gini}(下雨)+\frac{10}{14}\mathrm{Gini}(晴天,阴天)\\&=\frac{4}{14}\left[1-\left(\frac{0}{4}\right)^2-\left(\frac{4}{4}\right)^2\right]+\frac{10}{14}\left[1-\left(\frac{7}{10}\right)^2-\left(\frac{3}{10}\right)^2\right]\\&=0+\frac{10}{14}[1-0.49-0.09]=\frac{10}{14}\times 0.42=0.3\end{aligned} \tag{3.44}$$

$$\begin{aligned}\mathrm{Gini}(天气)&=\frac{6}{14}\mathrm{Gini}(晴天)+\frac{8}{14}\mathrm{Gini}(下雨,阴天)\\&=\frac{6}{14}\left[1-\left(\frac{5}{6}\right)^2-\left(\frac{1}{6}\right)^2\right]+\frac{8}{14}\left[1-\left(\frac{2}{8}\right)^2-\left(\frac{6}{8}\right)^2\right]\\&\approx\frac{6}{14}[1-0.694-0.028]+\frac{8}{14}[1-0.0625-0.5625]\\&=\frac{6}{14}\times 0.278+\frac{8}{14}\times 0.375\\&=0.119+0.214=0.333\end{aligned} \tag{3.45}$$

$$\begin{aligned}\mathrm{Gini}(天气)&=\frac{4}{14}\mathrm{Gini}(阴天)+\frac{10}{14}\mathrm{Gini}(下雨,晴天)\\&=\frac{4}{14}\left[1-\left(\frac{2}{4}\right)^2-\left(\frac{2}{4}\right)^2\right]+\frac{10}{14}\left[1-\left(\frac{5}{10}\right)^2-\left(\frac{5}{10}\right)^2\right]\\&=\frac{4}{14}[1-0.25-0.25]+\frac{10}{14}[1-0.25-0.25]\\&=\frac{4}{14}\times 0.5+\frac{10}{14}\times 0.5=0.5\end{aligned} \tag{3.46}$$

"气温"这个属性，有 3 种取值："冷""正常""热"。那么根据属性值可以分成{冷}和{正常，热}、{正常}和{冷，热}、{热}和{冷，正常}3 种情况，计算这 3 种组合的 Gini 系数。

$$
\begin{aligned}
\text{Gini(气温)} &= \frac{6}{14}\text{Gini(冷)} + \frac{8}{14}\text{Gini(正常,热)} \\
&= \frac{6}{14}\left[1-\left(\frac{1}{6}\right)^2-\left(\frac{5}{6}\right)^2\right]+\frac{8}{14}\left[1-\left(\frac{6}{8}\right)^2-\left(\frac{2}{8}\right)^2\right] \\
&\approx \frac{6}{14}[1-0.028-0.694]+\frac{8}{14}[1-0.5625-0.0625] \\
&= \frac{6}{14}\times 0.278+\frac{8}{14}\times 0.375 \\
&= 0.119+0.214=0.333
\end{aligned} \tag{3.47}
$$

$$
\begin{aligned}
\text{Gini(气温)} &= \frac{6}{14}\text{Gini(正常)} + \frac{8}{14}\text{Gini(冷,热)} \\
&= \frac{6}{14}\left[1-\left(\frac{4}{6}\right)^2-\left(\frac{2}{6}\right)^2\right]+\frac{8}{14}\left[1-\left(\frac{3}{8}\right)^2-\left(\frac{5}{8}\right)^2\right] \\
&\approx \frac{6}{14}[1-0.444-0.111]+\frac{8}{14}[1-0.141-0.391] \\
&= \frac{6}{14}\times 0.445+\frac{8}{14}\times 0.468 \\
&= 0.191+0.267=0.458
\end{aligned} \tag{3.48}
$$

$$
\begin{aligned}
\text{Gini(气温)} &= \frac{2}{14}\text{Gini(热)} + \frac{12}{14}\text{Gini(冷,正常)} \\
&= \frac{2}{14}\left[1-\left(\frac{2}{2}\right)^2-\left(\frac{0}{2}\right)^2\right]+\frac{12}{14}\left[1-\left(\frac{5}{12}\right)^2-\left(\frac{7}{12}\right)^2\right] \\
&\approx 0+\frac{12}{14}[1-0.174-0.340]=\frac{12}{14}\times 0.486\approx 0.416
\end{aligned} \tag{3.49}
$$

“风速”这个属性,有两种取值:“强”“弱”。那么只有{强}和{弱}这 1 种组合,计算其基尼系数。

$$
\begin{aligned}
\text{Gini(风速)} &= \frac{7}{14}\text{Gini(强)} + \frac{7}{14}\text{Gini(弱)} \\
&= \frac{7}{14}\left[1-\left(\frac{3}{7}\right)^2-\left(\frac{4}{7}\right)^2\right]+\frac{7}{14}\left[1-\left(\frac{4}{7}\right)^2-\left(\frac{3}{7}\right)^2\right] \\
&\approx \frac{7}{14}[1-0.184-0.327]+\frac{7}{14}[1-0.327-0.184] \\
&= \frac{7}{14}\times 0.489+\frac{7}{14}\times 0.489=0.489
\end{aligned} \tag{3.50}
$$

从上面的 7 种组合中,找到基尼系数最小的组合。基尼系数最小的组合是属性“天气”中值为{下雨}和{晴天,阴天}的组合,所以选“天气”作为根结点。此时树的情况如图 3.15 所示。

从图 3.15 可以看出,左分支已经能得到最终的分类结果,右分支还要继续划分。并且由于右分支样本的“天气”属性有“晴天”和“阴天”两种值,后面还有可能根据“天气”属性值进行划分。这一点和 ID3 算法、C4.5 算法不同,在 ID3 算法和 C4.5 算法的决策树中,每个属性最多被选择一次,形成多叉树。正因为这样 CART 算法才能保证建立的决策树为二叉树。

对于针对图 3.15 中的右子树继续采用 CART 算法建树的后续步骤,这里不再赘述,读者自行练习。

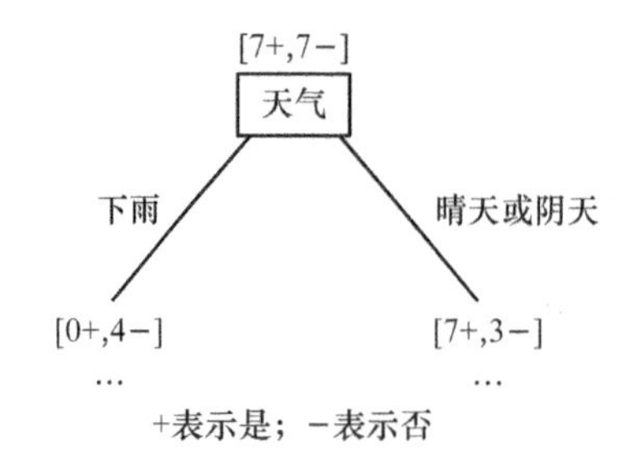

图 3.15　CART 算法为根结点寻找属性

虽然 ID3 算法、C4.5 算法和 CART 算法三者建树的方法不同，但总体思路大同小异，都是为了让划分后每个分支内的样本集尽可能地纯。

3.3　模型评估方法

在将建好的决策树投入使用之前，通常需要对其进行性能评估。对于如何评价一个模型的好坏，第 1 章已经为大家介绍了准确率、精确率、召回率等知识，这里给大家扩充一些其他知识。

使用全部的样本建立模型，再使用其中的一些样本校验模型的好坏，这不免让人怀疑对于未知样本该模型的性能表现，此时可能出现过拟合的情况，即精确地区分了所有的训练样本，而对新样本的适应性较差，预测时准确率过低。因此，我们需要对样本集进行划分，选取全部样本中的一部分作为训练样本，用来建立模型，剩余部分作为测试样本，来测试模型对新样本的泛化能力，以测试样本的测试误差作为泛化误差的近似。

将样本分为训练样本和测试样本的常用划分方法有保留法、交叉验证法和自助法。

3.3.1　保留法

将全部样本划分为两个无交集的集合，两个集合分别作为训练集和测试集。在训练集上建立模型，在测试集上评估模型。

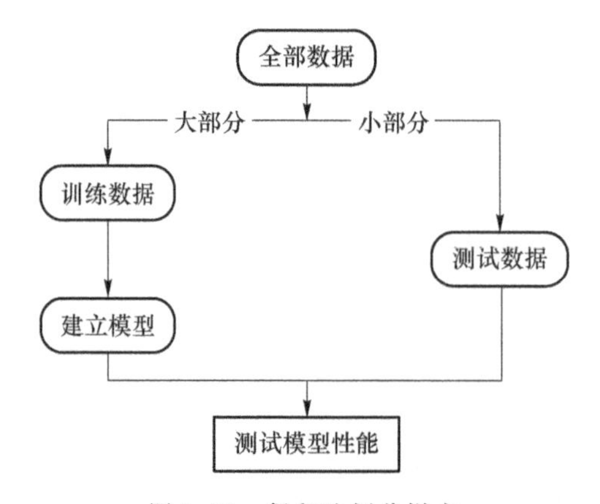

图 3.16　保留法划分样本

划分这两个集合的时候,要尽可能保持样本分布的一致性。为了得到更准确的评估结果,可以多次划分,重复实验,最后取平均值。训练样本的数量一般要远大于测试样本的数量,常用比例为 8:2。

3.3.2 k 折交叉验证法

将全部样本划分为 k 个互斥子集,每次选用 k-1 个子集作为训练集,剩余的 1 个子集作为测试集,每次使用训练集建立模型,使用测试集来测试训练结果。循环 k 轮后,得到 k 个测试结果,取 k 个结果的均值作为模型的评估结果。k 通常取值为 10,此时称为 10 折交叉验证,如图 3.17 所示。

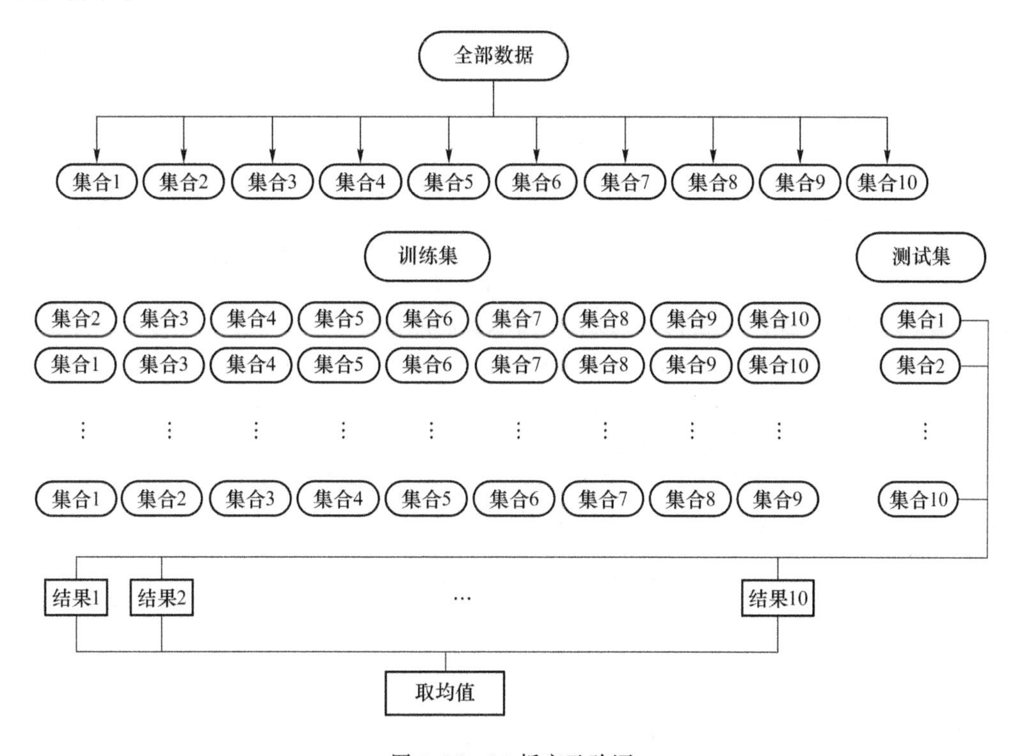

图 3.17 10 折交叉验证

假设全部样本数量为 N,如果选择 $k=N$,即 $N-1$ 个样本做训练集,剩余 1 个样本用来测试。这就是常说的"留一法"。当样本集规模较少时,可以采用留一法。

3.3.3 自助法

假设全部样本数为 n,从全部样本中有放回地随机抽取 n 个样本,组成 n 个样本的训练集,剩余样本作为测试集。

注意:由于是有放回地抽取,所以训练集中,可能存在某些重复的样本。

我们来计算一下,抽取训练样本时,每个样本被抽中的概率是 $\frac{1}{n}$,未被抽中的概率为 $1-\frac{1}{n}$,一个样本在训练集中没出现的概率就是 n 次都未被选中的概率,即 $\left(1-\frac{1}{n}\right)^n$,当 n 趋近于无穷时，该值为 e^{-1}，约为 0.368，约等于$\frac{1}{3}$。所以，训练集的样本数大概占样本总数的$\frac{2}{3}$，测试集的样本数大概占样本总数的$\frac{1}{3}$。当样本集规模较少时，建议采用自助法。

3.4 实际应用

3.4.1 DecisionTreeClassifier 类介绍

在 Python 语言的 sklearn 库中，可以使用 sklearn.tree.DecisionTreeClassifier 创建一个决策树。

对于 DecisionTreeClassifier 类的构造函数，其常用参数如表 3.2 所示。

表 3.2 DecisionTreeClassifier 类的构造函数的常用参数

参 数	含 义
criterion	用于选择构建决策树的准则，默认是 gini，代表基尼系数。可以设置“entropy”代表信息增益
max_features	从多少个属性中选择最优属性。默认值是所有属性
max_depth	设置决策树的最大深度，深度越大，越容易过拟合，推荐树的深度为 5～20
max_leaf_nodes	设置最大叶结点数，可以防止过拟合，默认是“None”，即不限制最大的叶结点数
min_samples_leaf	一个叶结点所需要的最少样本数，默认是 1

DecisionTreeClassifier 类的对象常用方法如表 3.3 所示。

表 3.3 DecisionTreeClassifier 类的对象常用方法

函数名	功 能	说 明
fit(X, y)	训练模型	X 为训练样本，y 为标签
predict(X)	对提供的样本预测标签	将需要分类的样本构造为数组形式，作为参数传入，得到的分类标签作为返回值

3.4.2 小试牛刀

根据表 3.1 中的样本，使用 DecisionTreeClassifier 类建立决策树，并验证分类效果。

(1) 准备数据。

根据表 3.1 中的样本创建特征数据 data，该数据为 14 行 3 列，每行数据代表一个样本，一共 14 个样本，每列代表样本的 3 个属性：“天气”“气温”和“风速”。

针对样本的每个属性，我们用不同的数值表示不同的属性值。

第 1 列数据：－1 表示“下雨”；0 表示“晴天”；1 表示“阴天”。

第 2 列数据：－1 表示“冷”；0 表示“正常”；1 表示“热”。

第 3 列数据：－1 表示“强”；1 表示“弱”。

```
data = [[-1, -1, -1],
        [-1, -1, 1],
        [-1, 0, -1],
        [-1, 0, 1],
        [0, -1, -1],
        [0, -1, 1],
        [0, 1, -1],
        [0, 1, 1],
        [0, 0, -1],
        [0, 0, 1],
        [1, -1, -1],
        [1, -1, 1],
        [1, 0, -1],
        [1, 0, 1]]
```

根据表 3.1 中的样本创建标签数据 target,一共 14 个标签。其中,0 表示“不去游泳”,1 表示“去游泳”。

```
target = [0, 0, 0, 0, 0, 1, 1, 1, 1, 1, 0, 0, 1, 1]
```

(2) 划分样本集。

将全部样本分为训练集和测试集。

```
#导入划分训练集和测试集的函数
from sklearn.model_selection import train_test_split

#随机划分为训练集和测试集
X_train, X_test, Y_train, Y_test = train_test_split(data, target)
```

(3) 创建决策树分类器。

```
from sklearn.tree import DecisionTreeClassifier

#默认参数,基于基尼系数的决策树
clf = DecisionTreeClassifier()
#构造决策树
DTclf = clf.fit(X_train, Y_train)
```

(4) 对测试集进行预测并计算准确率。

```
#预测
Y_pred = DTclf.predict(X_test)
#导入度量类库
from sklearn import metrics
#计算准确率
acc = metrics.accuracy_score(Y_test, Y_pred)
print('accuracy:{}'.format(acc))
```

（5）使用交叉验证函数验证分类效果。

```
from sklearn.model_selection import cross_val_score

#设置cv为3,使用3折交叉验证
score = cross_val_score(clf, data, target, cv=3)
```

由于样本比较少,所以这里仅采用3折交叉验证。

（6）输出交叉验证得分。

```
print(score)
import numpy

print("均值为:", numpy.mean(score))
```

结果：

```
accuracy:0.75
[0.83333333    0.75       0.75 ]
均值为:0.7777777777777778
```

由于表3.1中的样本数很少,评估决策树时,折数不要太多,这里选取了3折交叉验证,得到的准确率为80%左右。

我们也可以修改k折交叉验证中的折数。在总样本中标签为“去游泳”和“不去游泳”的样本数都为7,所以评估算法时,最大采用7折交叉验证。

此时交叉验证的代码为

```
from sklearn.model_selection import cross_val_score
score=cross_val_score(clf,data, target, cv=7)
```

结果：

```
[0.5  1.  1.  1.  0.5  1.  0.5]
均值为:0.7857142857142857
```

由上面的结果可以看出,此时的平均准确率略有提高。这里还看到了一个现象,每次的准确率相差很大(0.5或1)。这是由于采用7折交叉验证时,测试样本中“去游泳”和“不去游泳”的样本数都为1,所以测试结果只有3种情况。

（1）两个测试样本的预测结果全错,此时准确率为0。

（2）两个测试样本一个对,一个错,此时准确率为0.5。

（3）两个测试样本的预测结果全对,此时准确率为1。

3.4.3 实战演示

在本节实例中,使用的样本集是sklearn库中自带的鸢尾花数据集。

代码：

```
# 导入自带鸢尾花数据集
from sklearn.datasets import load_iris

# 以(data, target)形式返回数据
iris = load_iris()

# 导入决策树分类器
from sklearn.tree import DecisionTreeClassifier

# 默认参数,基于基尼系数的决策树
clf = DecisionTreeClassifier()

# 导入计算交叉验证函数
from sklearn.model_selection import cross_val_score

# 设置 cv 为 10,使用 10 折交叉验证
score = cross_val_score(clf, iris.data, iris.target, cv = 10)

# 输出交叉验证得分
print(score)
```

结果：

```
[1.          0.93333333 1.          0.93333333 0.93333333 0.86666667
0.93333333  0.93333333 1.          1.         ]
```

鸢尾花数据集的样本数比表 3.1 中的数据量有了很大提高。

读者可以修改程序中的参数,构建其他类型的决策树,检验分类效果。

3.5 本章小结

本章给大家介绍了机器学习中的决策树算法,其本质是对样本的特征空间进行划分。这里只是给大家进行了入门讲解。有了本章的知识,读者可以对其进行深入研究,如为了防止决策树出现过拟合问题,如何对树进行剪枝。

本章还给大家扩展了一些模型评估方法,读者可以用其判定一个模型性能的优劣。

决策树算法的优点:计算复杂度不高;输出结果易于理解;对中间值的缺失不敏感,可以处理不相关特征数据。

决策树算法的缺点:忽略属性间的相关性;可能会产生过拟合问题。

第 4 章　朴素贝叶斯

本章介绍朴素贝叶斯算法(Naive Bayesian Algorithm)。它是应用最为广泛的分类算法之一。

4.1　贝叶斯定理

贝叶斯定理是 18 世纪英国学者贝叶斯(1702—1763 年)提出的,用来描述两个条件概率之间的关系。

联合概率 $P(AB)$表示事件 A 与 B 同时发生的概率。

当 A 与 B 相互独立时,

$$P(AB)=P(A)P(B) \tag{4.1}$$

条件概率 $P(A|B)$表示在事件 B 发生的前提下,事件 A 发生的概率。其公式为

$$P(A|B)=\frac{P(AB)}{P(B)} \tag{4.2}$$

等价于

$$P(AB)=P(A|B)P(B) \tag{4.3}$$

同理,

$$P(BA)=P(B|A)P(A) \tag{4.4}$$

根据交换原则:

$$P(AB)=P(BA) \tag{4.5}$$

由式(4.3)～(4.5),可以得到

$$P(A|B)P(B)=P(B|A)P(A) \tag{4.6}$$

交换后得到:

$$P(B|A)=\frac{P(A|B)P(B)}{P(A)} \tag{4.7}$$

式(4.7)即为贝叶斯定理。它提供了利用先验概率 $P(B)$求后验概率 $P(B|A)$的方法。其中,$P(A|B)$是在事件 B 发生后,A 发生的概率,因此称为 A 的后验概率(Posterior Probability)。$P(B)$是 B 的先验概率(Prior Probability)或边缘概率。$P(B)$是"先验"概率是因为它不考虑任何 A 方面的因素,是在事件 A 发生之前对事件 B 概率的一个判断。$P(A)$是 A 的先验概率或边缘概率。$P(B|A)$是在已知 A 发生的条件下,B 发生的概率,因此称为 B 的后验概率。

4.2　朴素贝叶斯算法介绍

朴素贝叶斯这个名称中的“朴素”表示特征条件独立，这个假设在现实中不太可能成立，但是它可以大大简化计算，而且有研究表明这对分类结果的准确性影响不大。“贝叶斯”表示基于贝叶斯定理，使用概率统计的知识对样本进行分类。

假设要分类的样本 A 具有 n 个属性，其特征属性值为 $a_1a_2\cdots a_n$，构成特征向量 $\mathbf{A}$，并且这些属性值相互独立。朴素贝叶斯算法就是寻找类别 B，使后验概率 $P(B|A)$ 的值最大。为了求 $P(B|A)$，根据前面介绍的贝叶斯定理，我们需要计算 $P(A|B)$、$P(B)$ 和 $P(A)$。

因为不同的属性相互独立，所以 $P(A|B)=P(a_1|B)P(a_2|B)\cdots P(a_n|B)$。

朴素贝叶斯分类器的公式为

$$P(B \mid A)=\frac{P(a_1 \mid B)P(a_2 \mid B)\cdots P(a_n \mid B)P(B)}{P(A)}=\frac{P(B)\prod_{i=1}^{n}P(a_i \mid B)}{P(A)} \tag{4.8}$$

其中，$P(A)$ 对于所有的类别都是相同的，可以忽略，现在问题变成了求 $P(B)\prod_{i=1}^{n}P(a_i \mid B)$ 的最大值。$P(B)$ 是先验概率，可以通过计算每个类别在训练样本中所占的比例得到。$P(a_i|B)$ 表示在类别为 B 的训练样本中，第 i 个属性值为 a_i 的概率。

计算出所有类别下 $P(B)\prod_{i=1}^{n}P(a_i \mid B)$ 的值，其最大值所有对应的类别即为分类结果。

4.3　入门实例

为了深入地了解朴素贝叶斯算法，我们通过实例演示算法的计算过程。表 4.1 是对女生是否同意男生做男朋友的调查信息。

表 4.1　训练样本

编　号	长　相	身　高	脾　气	经济条件	是否同意做男朋友
1	英俊	高	好	富裕	同意
2	英俊	高	好	温饱	同意
3	英俊	高	坏	富裕	同意
4	英俊	中等	好	富裕	同意
5	英俊	中等	坏	温饱	不同意
6	英俊	矮	坏	温饱	不同意
7	普通	高	好	富裕	同意
8	普通	高	好	温饱	不同意
9	普通	高	坏	温饱	不同意
10	普通	中等	好	富裕	同意
11	普通	中等	坏	温饱	不同意
12	普通	矮	坏	富裕	不同意

问题：有一男生的情况如表 4.2 所示，请判断女生是否同意其作为男朋友？

表 4.2 测试数据 1

长相	身高	脾气	经济条件
普通	中等	坏	富裕

这是一个典型的二分类问题，转为数学问题就是比较 P(同意|普通，中等，坏，富裕)与 P(不同意|普通，中等，坏，富裕)的值，看哪个概率大。

根据朴素贝叶斯公式：

$$P(\text{同意}|\text{普通},\text{中等},\text{坏},\text{富裕})=\frac{P(\text{同意})P(\text{普通},\text{中等},\text{坏},\text{富裕}|\text{同意})}{P(\text{普通},\text{中等},\text{坏},\text{富裕})}$$
$$=\frac{P(\text{同意})P(\text{普通}|\text{同意})P(\text{中等}|\text{同意})P(\text{坏}|\text{同意})P(\text{富裕}|\text{同意})}{P(\text{普通},\text{中等},\text{坏},\text{富裕})} \tag{4.9}$$

$$P(\text{不同意}|\text{普通},\text{中等},\text{坏},\text{富裕})=\frac{P(\text{不同意})P(\text{普通},\text{中等},\text{坏},\text{富裕}|\text{不同意})}{P(\text{普通},\text{中等},\text{坏},\text{富裕})}$$
$$\frac{P(\text{不同意})P(\text{普通}|\text{不同意})P(\text{中等}|\text{不同意})P(\text{坏}|\text{不同意})P(\text{富裕}|\text{不同意})}{P(\text{普通},\text{中等},\text{坏},\text{富裕})} \tag{4.10}$$

式(4.9)与式(4.10)二者的分母一样，只需计算分子即可。

先来看“同意”的情况，在训练样本中的 12 组数据中，类别“同意”的个数是 6，如表 4.3 所示。

表 4.3 “同意”样本

编号	长相	身高	脾气	经济条件	是否同意做男朋友
1	英俊	高	好	富裕	同意
2	英俊	高	好	温饱	同意
3	英俊	高	坏	富裕	同意
4	英俊	中等	好	富裕	同意
7	普通	高	好	富裕	同意
10	普通	中等	好	富裕	同意

所以，$P(\text{同意})=\frac{6}{12}=0.5$。下一步分别计算 P(普通|同意)、P(中等|同意)、P(坏|同意)和 P(富裕|同意)。

在“同意”的情况下，长相“普通”的样本数为 2，如表 4.4 所示。

表 4.4 在“同意”样本中长相“普通”的样本

编号	长相	身高	脾气	经济条件	是否同意做男朋友
7	普通	高	好	富裕	同意
10	普通	中等	好	富裕	同意

所以，$P(\text{普通}|\text{同意})=\frac{2}{6}\approx 0.333$。

在“同意”的情况下，身高“中等”的样本数为 2，如表 4.5 所示。

表 4.5　在"同意"样本中身高"中等"的样本

编　号	长　相	身　高	脾　气	经济条件	是否同意做男朋友
4	英俊	中等	好	富裕	同意
10	普通	中等	好	富裕	同意

所以，$P(\text{中等}|\text{同意})=\frac{2}{6}\approx 0.333$。

在"同意"的情况下，脾气"坏"的样本数为 1，如表 4.6 所示。

表 4.6　在"同意"样本中脾气"坏"的样本

编　号	长　相	身　高	脾　气	经济条件	是否同意做男朋友
3	英俊	高	坏	富裕	同意

所以，$P(\text{坏}|\text{同意})=\frac{1}{6}\approx 0.167$。

在"同意"的情况下，经济条件"富裕"的样本数为 5，如表 4.7 所示。

表 4.7　在"同意"样本中经济条件"富裕"的样本

编　号	长　相	身　高	脾　气	经济条件	是否同意做男朋友
1	英俊	高	好	富裕	同意
3	英俊	高	坏	富裕	同意
4	英俊	中等	好	富裕	同意
7	普通	高	好	富裕	同意
10	普通	中等	好	富裕	同意

所以，$P(\text{富裕}|\text{同意})=\frac{5}{6}\approx 0.833$。

$$\begin{aligned}P(\text{同意}|\text{普通},\text{中等},\text{坏},\text{富裕})&=\frac{0.5\times 0.333\times 0.333\times 0.167\times 0.833}{P(\text{普通},\text{中等},\text{坏},\text{富裕})}\\&\approx\frac{0.0077}{P(\text{普通},\text{中等},\text{坏},\text{富裕})}\end{aligned}\tag{4.11}$$

接下来看"不同意"的情况，在训练样本中的 12 组数据中，类别"不同意"的个数是 6，如表 4.8 所示。

表 4.8　"不同意"样本

编　号	长　相	身　高	脾　气	经济条件	是否同意做男朋友
5	英俊	中等	坏	温饱	不同意
6	英俊	矮	坏	温饱	不同意
8	普通	高	好	温饱	不同意
9	普通	高	坏	温饱	不同意
11	普通	中等	坏	温饱	不同意
12	普通	矮	坏	富裕	不同意

所以，P(不同意)$=\frac{6}{12}=0.5$。下一步分别计算 P(普通|不同意)、P(中等|不同意)、P(坏|不同意)和 P(富裕|不同意)。

在“不同意”的情况下，长相“普通”的样本数为 4，如表 4.9 所示。

表 4.9　在“不同意”样本中长相“普通”的样本

编　号	长　相	身　高	脾　气	经济条件	是否同意做男朋友
8	普通	高	好	温饱	不同意
9	普通	高	坏	温饱	不同意
11	普通	中等	坏	温饱	不同意
12	普通	矮	坏	富裕	不同意

所以，P(普通|不同意)$=\frac{4}{6}\approx 0.667$。

在“不同意”的情况下，身高“中等”的样本数为 2，如表 4.10 所示。

表 4.10　在“不同意”样本中身高“中等”的样本

编　号	长　相	身　高	脾　气	经济条件	是否同意做男朋友
5	英俊	中等	坏	温饱	不同意
11	普通	中等	坏	温饱	不同意

所以，P(中等|不同意)$=\frac{2}{6}\approx 0.333$。

在“不同意”的情况下，脾气“坏”的样本数为 5，如表 4.11 所示。

表 4.11　在“不同意”样本中脾气“坏”的样本

编　号	长　相	身　高	脾　气	经济条件	是否同意做男朋友
5	英俊	中等	坏	温饱	不同意
6	英俊	矮	坏	温饱	不同意
9	普通	高	坏	温饱	不同意
11	普通	中等	坏	温饱	不同意
12	普通	矮	坏	富裕	不同意

所以，P(坏|不同意)$=\frac{5}{6}\approx 0.833$。

在“不同意”的情况下，经济条件“富裕”的样本数为 1，如表 4.12 所示。

表 4.12　在“不同意”样本中经济条件“富裕”的样本

编　号	长　相	身　高	脾　气	经济条件	是否同意做男朋友
12	普通	矮	坏	富裕	不同意

所以，P(富裕|不同意)$=\frac{1}{6}\approx 0.167$。

$$P(\text{不同意}|\text{普通,中等,坏,富裕})=\frac{0.5\times0.667\times0.333\times0.833\times0.167}{P(\text{普通,中等,坏,富裕})}\approx\frac{0.0154}{P(\text{普通,中等,坏,富裕})}\tag{4.12}$$

通过比较得知：

$$P(\text{同意}|\text{普通,中等,坏,富裕})<P(\text{不同意}|\text{普通,中等,坏,富裕})$$

所以我们认为该女生“不同意”。

4.4 Laplace 修正

在实际使用时，在训练样本的某类别 B 中有些属性值可能不存在，此时 $P(a_i|B)=0$，该概率与其他概率相乘时，结果为 0。

例如，有一个男生的情况如表 4.13 所示，请判断一下女生是同意还是不同意？

表 4.13　测试数据 2

长　相	身　高	脾　气	经济条件
英俊	矮	坏	富裕

和 4.3 节的例子一样，需要计算式(4.13)和式(4.14)。

$$P(\text{同意}|\text{英俊,矮,坏,富裕})=\frac{P(\text{同意})P(\text{英俊,矮,坏,富裕}|\text{同意})}{P(\text{英俊,矮,坏,富裕})}=\frac{P(\text{同意})P(\text{英俊}|\text{同意})P(\text{矮}|\text{同意})P(\text{坏}|\text{同意})P(\text{富裕}|\text{同意})}{P(\text{英俊,矮,坏,富裕})}\tag{4.13}$$

$$P(\text{不同意}|\text{英俊,矮,坏,富裕})=\frac{P(\text{不同意})P(\text{英俊,矮,坏,富裕}|\text{不同意})}{P(\text{英俊,矮,坏,富裕})}=\frac{P(\text{不同意})P(\text{英俊}|\text{不同意})P(\text{矮}|\text{不同意})P(\text{坏}|\text{不同意})P(\text{富裕}|\text{不同意})}{P(\text{英俊,矮,坏,富裕})}\tag{4.14}$$

但我们在训练样本的“同意”类别中，没有发现身高值为“矮”的样本，此时 $P(\text{矮}|\text{同意})=0$，那么无论其他值如何，都得到 $P(\text{同意}|\text{英俊,矮,坏,富裕})=0$。

因为概率值为非负数，所以不需要计算，即有 $P(\text{同意}|\text{英俊,矮,坏,富裕})\leqslant P(\text{不同意}|\text{英俊,矮,坏,富裕})$，结果为“不同意”。

在一般情况下，一些样本的取值可能不在训练样本中，但这不并代表这种情况发生的概率为 0。

因此需要引入拉普拉斯(Laplace)修正。其做法是对所有类别下的划分计数都加一，从而避免等于零的情况，在训练集较大时，修正对先验的影响会降低到可以忽略不计。

根据拉普拉斯(Laplace)修正，假定训练样本中的类别个数为 m，样本总数为 s，类别 B 的个数为 s_B。

则 $P(B)$的计算方式由 $P(B)=\frac{s_B}{s}$改为 $P(B)=\frac{s_B+1}{s+m}$。

再假定在样本的 n 个属性中，第 i 个属性有 a_{ik} 种取值，在类别 B 中，第 i 个属性值为 a_i 的

个数为 b_{ai}。

$P(a_i|B)$的计算方式由 $P(a_i|B)=\frac{b_{ai}}{s_B}$改为 $P(a_i|B)=\frac{b_{ai}+1}{s_B+a_{ik}}$。

下面引入拉普拉斯(Laplace)修正,来判断表 4.13 中的样本类别。因为结果只有 2 个类别,所以 $P(\text{同意})=\frac{6+1}{12+2}=\frac{7}{14}=0.5$,$P(\text{不同意})=\frac{6+1}{12+2}=\frac{7}{14}=0.5$。

在“同意”的情况下,长相“英俊”的样本数为 4,如表 4.14 所示。

表 4.14　在“同意”样本中长相“英俊”的样本

编　号	长　相	身　高	脾　气	经济条件	是否同意做男朋友
1	英俊	高	好	富裕	同意
2	英俊	高	好	温饱	同意
3	英俊	高	坏	富裕	同意
4	英俊	中等	好	富裕	同意

因为属性“长相”可能的取值有 2 种:{英俊,普通},所以,$P(\text{英俊}|\text{同意})=\frac{4+1}{6+2}=\frac{5}{8}\approx 0.625$。

在“同意”的情况下,身高“矮”的样本数为 0。因为属性“身高”可能的取值有 3 种:{高,中等,矮},所以,$P(\text{矮}|\text{同意})=\frac{0+1}{6+3}=\frac{1}{9}\approx 0.111$。

在“同意”的情况下,脾气“坏”的样本数为 1,如表 4.15 所示。

表 4.15　在“同意”样本中脾气“坏”的样本

编　号	长　相	身　高	脾　气	经济条件	是否同意做男朋友
3	英俊	高	坏	富裕	同意

因为属性“脾气”可能的取值有 2 种:{好,坏},所以,$P(\text{坏}|\text{同意})=\frac{1+1}{6+2}=\frac{2}{8}=0.25$。

在“同意”的情况下,经济条件“富裕”的样本数为 5,如表 4.16 所示。

表 4.16　在“同意”样本中经济条件“富裕”的样本

编　号	长　相	身　高	脾　气	经济条件	是否同意做男朋友
1	英俊	高	好	富裕	同意
3	英俊	高	坏	富裕	同意
4	英俊	中等	好	富裕	同意
7	普通	高	好	富裕	同意
10	普通	中等	好	富裕	同意

因为属性“经济条件”可能的取值有 2 种:{富裕,温饱},所以,$P(\text{富裕}|\text{同意})=\frac{5+1}{6+2}=\frac{6}{8}=0.75$。

$$P(\text{同意}|\text{英俊,矮,坏,富裕})=\frac{0.5\times 0.625\times 0.111\times 0.25\times 0.75}{P(\text{英俊,矮,坏,富裕})}\approx\frac{0.0065}{P(\text{英俊,矮,坏,富裕})} \tag{4.15}$$

接下来看“不同意”的情况，在“不同意”的情况下，长相“英俊”的样本数为2，如表4.17所示。

表4.17　“不同意”样本中长相“英俊”的样本

编　号	长　相	身　高	脾　气	经济条件	是否同意做男朋友
5	英俊	中等	坏	温饱	不同意
6	英俊	矮	坏	温饱	不同意

因为属性“长相”可能的取值有2种：{英俊，普通}，所以，$P(英俊|不同意)=\frac{2+1}{6+2}=\frac{3}{8}\approx 0.375$。

在“不同意”的情况下，身高“矮”的样本数为2，如表4.18所示。

表4.18　“不同意”样本中身高“矮”的样本

编　号	长　相	身　高	脾　气	经济条件	是否同意做男朋友
6	英俊	矮	坏	温饱	不同意
12	普通	矮	坏	富裕	不同意

因为属性“身高”可能的取值有3种：{高，中等，矮}，所以，$P(矮|同意)=\frac{2+1}{6+3}=\frac{3}{9}\approx 0.333$。

在“不同意”的情况下，脾气“坏”的样本数为5，如表4.19所示。

表4.19　“不同意”样本中脾气“坏”的样本

编　号	长　相	身　高	脾　气	经济条件	是否同意做男朋友
5	英俊	中等	坏	温饱	不同意
6	英俊	矮	坏	温饱	不同意
9	普通	高	坏	温饱	不同意
11	普通	中等	坏	温饱	不同意
12	普通	矮	坏	富裕	不同意

因为属性“脾气”可能的取值有2种：{好，坏}，所以，$P(坏|不同意)=\frac{5+1}{6+2}=\frac{6}{8}=0.75$。

在“不同意”的情况下，经济条件“富裕”的样本数为1，如表4.20所示。

表4.20　“不同意”样本中经济条件“富裕”的样本

编　号	长　相	身　高	脾　气	经济条件	是否同意做男朋友
12	普通	矮	坏	富裕	不同意

因为属性“经济条件”可能的取值有2种：{富裕，温饱}，所以，$P(富裕|不同意)=\frac{1+1}{6+2}=\frac{2}{8}=0.25$。

$$\begin{aligned}P(不同意|英俊,矮,坏,富裕)&=\frac{0.5\times 0.375\times 0.333\times 0.75\times 0.25}{P(英俊,矮,坏,富裕)}\\&\approx\frac{0.0117}{P(英俊,矮,坏,富裕)}\end{aligned}\qquad(4.16)$$

通过比较得知：

$$P(\text{同意}|\text{普通},\text{中等},\text{坏},\text{富裕})<P(\text{不同意}|\text{普通},\text{中等},\text{坏},\text{富裕})$$

所以我们认为该女生“不同意”。得到的结果与修正前的结果正好吻合，但是并不代表拉普拉斯修正是没有必要的，有时预测的结果会和原来直接某项为0的结果不一样。可以看到经拉普拉斯修正后，原来分子上的值由以前的0被平滑地过渡为0.006 5，起到了修正的作用。读者可以试验其他的样本，看看什么样的条件才能追到女生。

4.5 实际应用

4.5.1 GussianNB 类介绍

在 Python 语言的 sklearn 库中，实现了3个朴素贝叶斯分类器，如表4.21所示。

表4.21 sklearn 库中的朴素贝叶斯分类器

名　称	分类器	适用情况
高斯模型	naive_bayes. GussianNB	当特征是连续变量时，假设特征分布为正态分布，根据样本算出均值和方差，再求得概率
多项式模型	naive_bayes. MultinomialNB	适用于离散特征的情况，在计算先验概率和条件概率时，会做一些平滑处理
伯努利模型	naive_bayes. BernoulliNB	适用于离散特征的情况，在伯努利模型中每个特征的取值只能是1和0

一般来说，如果样本特征的分布大部分是连续值，使用 GaussianNB 会比较好；如果样本特征的值大部分是多元离散值，使用 MultinomialNB 会比较合适；如果样本特征是二元离散值，应该使用 BernoulliNB。这里使用哪种分布是由特征的取值来决定的。

这里我们使用 GaussianNB 分类器，GaussianNB 类的主要参数仅有一个，即先验概率(Priors)。如果不给出先验概率，则直接根据训练样本计算得出。

GaussianNB 类的对象常用方法如表4.22所示。

表4.22 GaussianNB 类的对象常用方法

函数名	功　能	说　明
fit(X, y)	训练模型	X 为训练数据，y 为标签
predict(X)	对提供的数据预测标签	将需要分类的数据构造为数组形式，并作为参数传入，得到的分类标签作为返回值
predict_proba(X)	给出每一个测试集样本属于每个类别的概率	最大的就是分类结果
predict_log_proba(X)	predict_proba 的对数转化	

4.5.2 小试牛刀

根据表 4.1 中的样本，使用 GaussianNB 类建立朴素贝叶斯分类器，并验证分类效果。

(1) 准备数据。

表 4.1 中的样本 12 行 4 列，一共有 12 个样本，列代表样本的 4 个特征："长相""身高""脾气"和"经济条件"。

第 1 列数据：－1 表示"英俊"；1 表示"普通"。

第 2 列数据：－1 表示"高"；0 表示"中等"；1 表示"矮"。

第 3 列数据：－1 表示"好"；1 表示"坏"。

第 4 列数据：－1 表示"富裕"；1 表示"温饱"。

创建特征数据 data。

```
data = [[-1, -1, -1, -1],
        [-1, -1, -1, 1],
        [-1, -1, 1, -1],
        [-1, 0, -1, -1],
        [-1, 0, 1, 1],
        [-1, 1, 1, 1],
        [1, -1, -1, -1],
        [1, -1, -1, 1],
        [1, -1, 1, 1],
        [1, 0, -1, -1],
        [1, 0, 1, 1],
        [1, 1, 1, -1]]
```

创建标签数据 target，一共 12 个标签。其中，0 表示"不同意"，1 表示"同意"。

```
target = [1, 1, 1, 1, 0, 0, 1, 0, 0, 1, 0, 0]
```

(2) 创建一个高斯型朴素贝叶斯分类器。

```
#导入高斯型朴素贝叶斯分类器
fromsklearn.naive_bayes import GaussianNB

NB = GaussianNB()
```

训练模型为

```
NB.fit(data, target)
```

(3) 对表 4.2 中的测试样本{普通，中等，坏，富裕}进行预测。

```
print(NB.predict([[1, 0, 1, -1]]))
```

结果：

```
[0]
```

(4) 对表 4.13 中的测试样本{英俊,矮,坏,富裕}进行预测。

```
print(NB.predict([[-1, 1, 1, -1]]))
```

结果：

```
[0]
```

结果 0 表示“不同意”,可以看出程序的预测结果与前面手工计算的结果一致。

4.5.3 实战演示

在本节实例中,使用的数据集是 sklearn 库中自带的鸢尾花数据集。
代码：

```
#导入自带鸢尾花数据集
fromsklearn.datasets import load_iris

#以(data, target)形式返回数据
iris = load_iris()
#提取特征
X = iris.data
#提取标签
Y = iris.target

#导入划分训练集和测试集的函数
fromsklearn.model_selection import train_test_split

#分割初始样本集和测试集
X_train, X_test, Y_train, Y_test = train_test_split(X, Y)

#导入高斯型朴素贝叶斯分类器
fromsklearn.naive_bayes import GaussianNB

NB = GaussianNB()

#用训练样本集进行学习
NB.fit(X_train, Y_train)

#预测剩余样本
Y_pred = NB.predict(X_test)
```

```
#导入度量类库
fromsklearn import metrics

#显示准确率
print('accuracy:{}'.format(metrics.accuracy_score(Y_test, Y_pred)))
```

结果：

```
accuracy:0.9736842105263158
```

此时测试准确率为 97%，大家可以构建其他类型的朴素贝叶斯分类器，检验分类效果。

4.6 本章小结

本章介绍了朴素贝叶斯分类器的基本原理，并用一些例子对该算法进行了详细讲解。它有一个假定为各个属性是独立的，但是在现实任务中此假设往往难以成立，有兴趣的同学可以深入研究半朴素贝叶斯分类算法。

朴素贝叶斯算法的优点：算法比较简单；模型所需的参数少；有着坚实的数学基础；在数据集较大的情况下表现出较高的准确率。

朴素贝叶斯算法的缺点：针对一些概率为 0 的情况，需要引入平滑处理，如拉普拉斯修正；朴素贝叶斯假定每个变量之间是相互独立的，但是现实中的数据往往都具有一定的相关性，很少有完全独立的。

第5章　支持向量机

本章介绍支持向量机算法，它是机器学习中的一个非常强大的和受欢迎的监督学习算法，在小规模数据样本集上，表现得尤为优异。本章首先介绍支持向量机的基本原理，然后对支持向量机的核心——核函数——进行介绍和比较，最后介绍支持向量机算法的应用实例。

5.1　支持向量机算法介绍

支持向量机算法的核心思想在于寻找一个能够构造出最大间隔的决策边界，通过这个决策边界对样本进行划分。本节将介绍基于这一核心思想支持向量机是如何进行决策边界构造和样本分类的。

5.1.1　最大间隔

为了便于理解，我们首先在二维空间下讨论这个问题。如图5.1所示，有两类样本点，我们可以构造一条决策边界将两类样本分隔开。

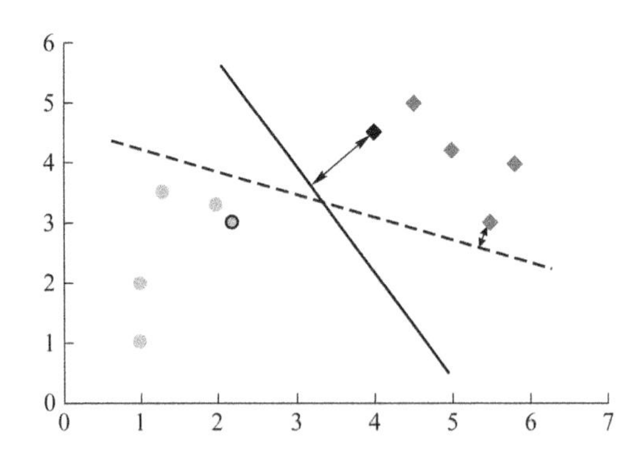

图5.1　最大间距

可以将这两类样本分开的边界有无数条，如何选择一条最优的是我们要解决的问题。从图5.1能看出来，以图中实线作为决策边界是要明显优于用虚线作为决策边界的，因为距离实线最近的样本点与实线的距离要大于距离虚线最近的样本点与虚线的距离。这是支持向量机的一个非常重要的理论：决策边界与离其最近的样本点之间的间隔越大，那么算法对新数据就有更好的泛化表现。在图 5.1 中，黑色框线框起来的点距离决策边界最近，这些离决策边界最近的点称为支持向量。

若把这个问题上升到三维或是更高的 n 维空间中，那么决策边界就不再是一条直线，而是一个平面或者一个 $n-1$ 维的超平面。但是核心思想还是一样，决策边界与离其最近的样本点之间的间隔应该尽可能大。

5.1.2　得到决策边界的方法

从 5.1.1 节可以看出，我们希望得到的决策边界应当满足两个条件：第一，决策边界与离其最近的样本点之间的间隔最大；第二，能够正确地对样本进行分类。

如图 5.2 所示，决策边界可以用 $\boldsymbol{w}^{\mathrm{T}}\boldsymbol{x}+b=0$ 来表示，而穿过支持向量且与决策边界平行的超平面可以分别表示为 $\boldsymbol{w}^{\mathrm{T}}\boldsymbol{x}+b=1$ 和 $\boldsymbol{w}^{\mathrm{T}}\boldsymbol{x}+b=-1$。

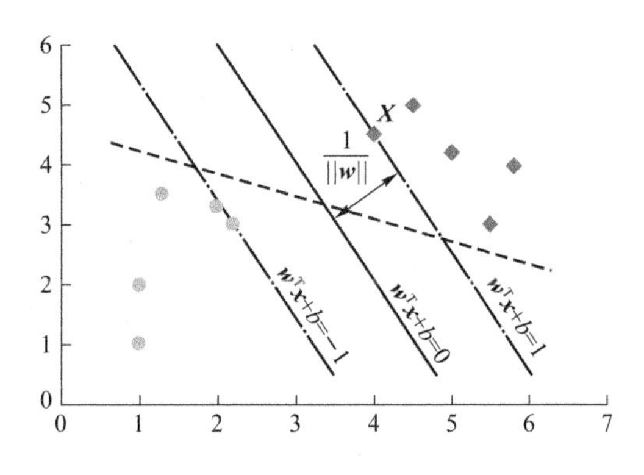

图 5.2　决策边界

由距离公式可知，支持向量 $\boldsymbol{X}$ 到决策边界 $\boldsymbol{w}^{\mathrm{T}}\boldsymbol{x}+b=0$ 的距离为

$$\frac{\boldsymbol{w}^{\mathrm{T}}\boldsymbol{X}+b}{\|\boldsymbol{w}\|} \tag{5.1}$$

又因为 $\boldsymbol{X}$ 在 $\boldsymbol{w}^{\mathrm{T}}\boldsymbol{x}+b=1$ 上，所以有 $\boldsymbol{w}^{\mathrm{T}}\boldsymbol{X}+b=1$，所以支持向量到决策边界的间隔为

$$d=\frac{1}{\|\boldsymbol{w}\|} \tag{5.2}$$

所以，要满足第一个条件，使决策边界与离其最近的样本点之间的间隔最大，也就是要令 $\|\boldsymbol{w}\|$ 的值最小。

现考虑第二个条件——能够正确地对样本进行分类。从图 5.2 可知，所有菱形样本都应该满足 $\boldsymbol{w}^{\mathrm{T}}\boldsymbol{x}+b\geqslant 1$，将菱形样本标签定为 1；所有圆形样本都应该满足 $\boldsymbol{w}^{\mathrm{T}}\boldsymbol{x}+b\leqslant -1$，将圆形样本的标签定为 -1。也就是样本集 S 内所有的样本点都应满足以下条件：

$$y_i=\begin{cases}1 & 若\ \boldsymbol{w}^{\mathrm{T}}\boldsymbol{x}_i+b\geqslant 1\\ -1 & 若\ \boldsymbol{w}^{\mathrm{T}}\boldsymbol{x}_i+b\leqslant 1\end{cases} \tag{5.3}$$

其中，$\forall(\boldsymbol{x}_i,y_i)\in S$。

我们将等式两边都乘以标签 y_i，原条件表达式可以转化为(把 $\forall$ 部分放到不等式后面)

$$y_i(\boldsymbol{w}^{\mathrm{T}}\boldsymbol{x}_i+b)\geqslant 1\quad \forall(\boldsymbol{x}_i,y_i)\in S \tag{5.4}$$

即

$$y_i(\boldsymbol{w}^{\mathrm{T}}\boldsymbol{x}_i+b)-1\geqslant 0 \quad \forall(\boldsymbol{x}_i,y_i)\in S \tag{5.5}$$

所以寻找决策边界的问题就变为求解 $\boldsymbol{w}$ 与 b，使其在满足 $y_i(\boldsymbol{w}^{\mathrm{T}}\boldsymbol{x}_i+b)-1\geqslant 0$ 的条件下，获得 $\|\boldsymbol{w}\|$ 的最小值。这是一个带不等式约束的最优化问题，可以考虑使用拉格朗日乘子法解决，即引入一个非负的系数 α：

$$L(\boldsymbol{w},b,\alpha)=\frac{1}{2}\|\boldsymbol{w}^2\|-\sum_{i=1}^{n}\alpha_i(y_i(\boldsymbol{w}^{\mathrm{T}}\boldsymbol{x}_i+b)-1) \tag{5.6}$$

要求 $L(\boldsymbol{w},b,\alpha)$ 的极值，我们首先分别求 $L(\boldsymbol{w},b,\alpha)$ 对 $\boldsymbol{w}$ 和 b 的偏导数，得到

$$\frac{\partial L(\boldsymbol{w},b,\alpha)}{\partial \boldsymbol{w}}=\boldsymbol{w}-\sum_{i=1}^{n}\alpha_i y_i \boldsymbol{x}_i=0 \tag{5.7}$$

以及

$$\frac{\partial L(\boldsymbol{w},b,\alpha)}{\partial b}=\sum_{i=1}^{n}\alpha_i y_i=0 \tag{5.8}$$

将式(5.5)和式(5.6)代入式(5.4)得到：

$$L(\boldsymbol{w},b,\alpha)=\sum_{i=1}^{n}\alpha_i-\frac{1}{2}\sum_{i=1}^{n}\sum_{j=1}^{n}\alpha_i\alpha_j y_i y_j \boldsymbol{x}_i \boldsymbol{x}_j \tag{5.9}$$

现在我们需要求解 $L(\boldsymbol{w},b,\alpha)$ 对 α 的极大值，同时需要满足约束：$\sum_{i=1}^{n}y_i\alpha_i$ 与 $\forall i,\alpha_i\geqslant 0$。

解决这个问题需要使用 SMO(序列最小优化方法)。

首先随机生成一个符合上述约束条件的 $\boldsymbol{\alpha}=(\alpha_1,\alpha_2,\cdots,\alpha_n)$，并假定它就是最优解。那么根据前面的推导可得 $\boldsymbol{w}$ 和 b：

$$\boldsymbol{w}=\sum_{i=1}^{n}\alpha_i y_i \boldsymbol{x}_i \tag{5.10}$$

$$b=y_i-\boldsymbol{w}^{\mathrm{T}}\boldsymbol{x}_i \quad \alpha_i>0 \tag{5.11}$$

将 $\boldsymbol{w}$ 和 b 带回到决策边界可得决策函数：

$$\mathrm{sgn}(x)=\sum_{i=1}^{n}\alpha_i y_i\,\boldsymbol{x}_i{}^{\mathrm{T}}\boldsymbol{x}+b=1 \tag{5.12}$$

接下来的事情，就是对 $\boldsymbol{\alpha}$ 的优化。优化方法的基本思路是，每次选出 $\boldsymbol{\alpha}$ 中的两个进行优化。此处之所以选择两个值进行优化，是因为如果只调整一个值，那条件 $\sum_{i=1}^{n}\alpha_i y_i=0$ 就无法得到满足，同时也可以看出，被挑选出的两个值是相关的，确定了其中一个，另一个也就可以计算得到。如此每次选择两个值进行优化，优化后更新模型，直到达到迭代次数或触发停止条件。具体优化过程在此不再描述。

5.1.3 松弛变量

样本数据不会总是很理想，有时一些噪声数据可能导致最大间隔的决策边界未必是最优解，甚至导致数据集不再是线性可分的。

在图 5.1 数据集的基础上，我们引入一个新的菱形样本。如图 5.3 所示，引入新样本后，在保证正确样本划分的前提下，能够产生最大间隔的决策边界从原先的虚线变成了现在的实

线，但是这个决策边界真的是最优的结果么？

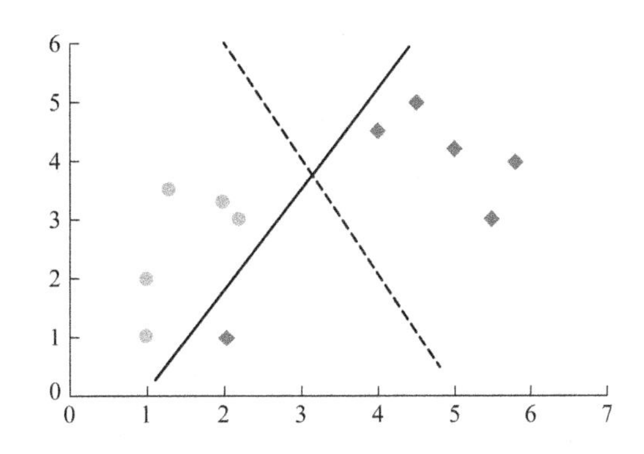

图 5.3 菱形样本引入一个噪声数据之后决策边界的变化

很显然，从更好的泛化性角度来看，为了确保样本正确划分的实线边界，其并没有比原先的虚线边界更优。

如图 5.4 所示，在圆形样本引入一个噪声数据后，数据集彻底变得线性不可分了。我们刚才所提的约束条件不能得到满足。我们引入一个新的松弛变量 ε_i，这个变量能够适当地放宽约束条件，约束条件转变为

$$y_i(\boldsymbol{w}^{\mathrm{T}}\boldsymbol{x}_i+b)\geqslant 1-\varepsilon_i \quad \forall(\boldsymbol{x}_i,y_i)\in S \tag{5.13}$$

所以，这里的松弛变量就可以理解为分类时的误差。对于分类正确的样本而言，$\varepsilon_i=0$，而对于未正确分类的样本，$\varepsilon_i>0$。决策边界在划分数据集时产生的误差可以用 $\sum_i \varepsilon_i$ 来描述。

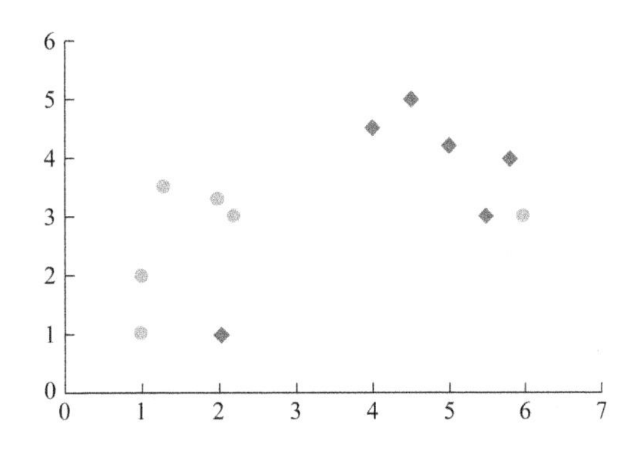

图 5.4 圆形样本引入一个噪声数据

这时候，求解问题就演变成寻找最大间隔与最小化误差之间的平衡点。目标由求解 $\|\boldsymbol{w}\|$ 的最小值变为求解 $\|\boldsymbol{w}\|+C\sum_{i=1}^{m}\varepsilon_i$ 的最小值，其中，m 为样本集内的样本数，C 为一个预先指定好的惩罚系数。显然 C 的值越大，对于同样的误差所付出的代价就会越大，反之，所付出的代价就会越小。所以，将 C 设置成非常大的数时，所训练出的模型会尽可能对数据集进行正确的划分，而忽略间隔问题；将 C 设置为 0 时，所训练出的模型会不考虑分类是否正确的问题，只寻找最大间隔；将 C 设置成一个合理值时，所训练出的模型会允许一部分样本错误的分类，以满足最大间隔的要求，并在二者之间找到一个平衡点，使得我们的模型具有更好的泛化效果。

5.1.4 核函数

并不是所有的数据集都是线性可分的。考虑图 5.5 所示为一个在一维空间上的数据集，显然这个数据集是没有办法通过一个点来进行划分的。

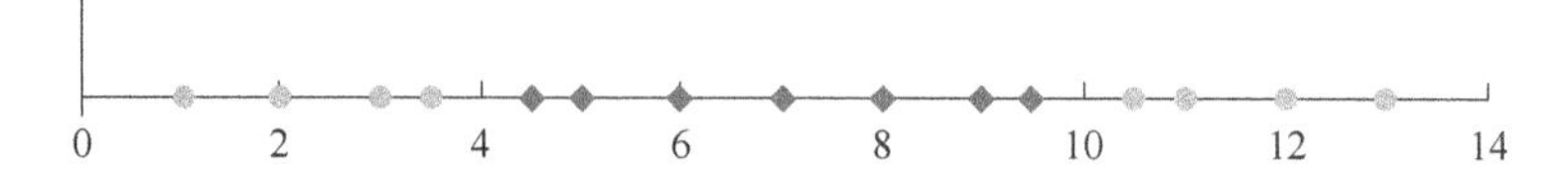

图 5.5 在一维空间上的不可分数据集

当不同类别数据样本在原始特征空间中无法被线性分类器分隔开来时，我们可以考虑将原始特征通过非线性映射投影在更高维度的空间中，然后在高维特征空间中去寻找超平面，从而将数据集分隔开来。这种方式不仅仅适用于支持向量机，也适用于其他的线性分类器。

对于图 5.5 所示的情况，我们可以定义一个映射函数：

$$\Phi(x)=[x,(x-4)(x-10)] \tag{5.14}$$

将原有的一维特征映射为二维特征，结果如图 5.6 所示。显然，映射之后的数据集可以被线性分隔。

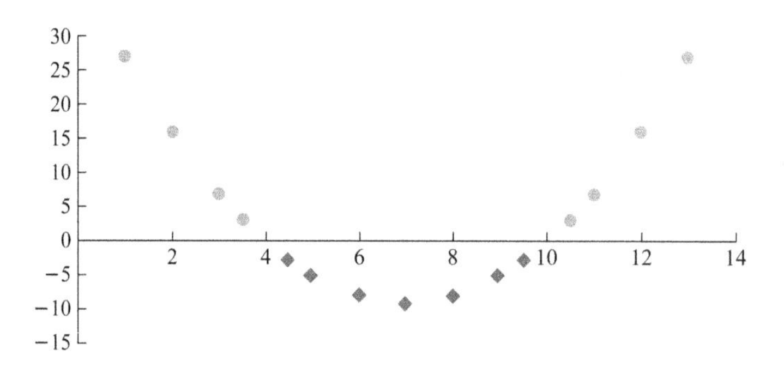

图 5.6 映射到二维空间后的数据集

当然这种方法并不是支持向量机所独有的一个概念，只是通常支持向量机必须在经过这样的映射后，才能够获得良好的分类效果。毕竟，在实际应用过程中，遇到数据集在原始特征空间中线性可分的概率是极低的。

请注意，我们上面所讲的从低维空间到高维空间的映射函数 $\Phi(x)$ 并不是核函数，那么，核函数到底是什么？

核函数 $K(\boldsymbol{x}_i,\boldsymbol{x}_j)$ 是一个通过低维空间中特征向量的计算得到高维空间中映射后的特征向量内积的函数，即

$$K(\boldsymbol{x}_i,\boldsymbol{x}_j)=\Phi^{\mathrm{T}}(\boldsymbol{x}_i)\Phi(\boldsymbol{x}_j) \tag{5.15}$$

通过核函数可以不用先将样本映射到高维空间，然后在高维空间中计算两个向量的内积，可以直接通过低维空间中的计算得到高维空间中两个向量的内积，这样能够大大地减少计算的复杂度。因为将低维空间的向量映射到高维空间是极为复杂的，有时你甚至需要将特征映射到无限维的空间中去。同时通过核函数的使用，我们可以不必再去考虑映射函数的具体形式。

为什么我们需要计算两个特征向量的内积？参考 5.1.2 节中决策边界的推导过程，对于决策边界的计算，我们只需要用到特征向量的内积。也就是说，我们将特征向量从低维空间映射到高维空间，然后在寻找决策边界的时候，并不需要真正地去进行映射操作，而只需要计算两个高维特征向量的内积。核函数的引入避免了维数灾难，提供给我们一个基于低维特征向量计算映射后的高维特征向量内积的方法，从而大大减少算法的计算代价。

从前面的叙述我们可以知道，只要确定了核函数，我们甚至可以无须知道具体的映射函数是什么样的。但是这就存在两个问题：一是怎么知道我们设计的函数是一个核函数，也就是说函数有一个对应的映射空间；另一个是怎么知道我们设计的核函数所对应的映射空间是有效的，是可以将样本合理分割开来的。

对于第一个问题，有一条 Mercer 定理，即任何半正定的函数都可以作为核函数。所谓的半正定函数是指对于样本集 $x=(x_1,x_2,\cdots,x_n)$，定义一个 $n\times n$ 的矩阵 $\boldsymbol{a}$，矩阵中的每一个元素为$a_{ij}=f(x_i,x_j)$，如果这个矩阵是半正定的，那么 $f(x_i,x_j)$就是一个半正定函数，也即$f(x_i,x_j)$可以作为一个核函数使用。

对于第二个问题，就特定领域而言，常常会有人专门进行自定义核函数的研究和开发，如生物序列分析、手写字符识别等。一个核函数的设计通常要经过长时间的调试与优化。当然也有一些已经设计好的核函数，其通用性较高，在大部分场景中表现良好，可以供我们在使用支持向量机的时候选择应用。以下为常用核函数。

(1) 线性核函数(Linear Kernel)

$$K(\boldsymbol{x}_i,\boldsymbol{x}_j)=\boldsymbol{x}_i{}^{\mathrm{T}}\boldsymbol{x}_j \tag{5.16}$$

线性核函数是最简单的核函数，它直接对低维特征向量求内积，计算复杂度较低。但是同时意味着，选用线性核函数时，事实上没有将特征向量映射到高维空间中。所以线性核函数常常用于线性可分的数据集，通常这出现在原始特征维度比较高的情况下。

(2) 多项式核函数(Polynomial Kernel)

$$K(\boldsymbol{x}_i,\boldsymbol{x}_j)=(\gamma\,\boldsymbol{x}_i{}^{\mathrm{T}}\boldsymbol{x}_j+C)^n \tag{5.17}$$

其中，γ 为正数，C 为非负值。相较于线性核函数，多项式核函数可以描述更复杂的分隔超平面。事实上线性核函数就是 $\gamma=1,n=1,C=0$ 的一个特殊的多项式核函数。这 3 个参数也是多项式核函数的一个缺陷所在，参数越多，使用过程中参数的调优就会越困难，这个困难度随着参数个数的增多而增加，通常是指数级的增加。同时，n 的值不可以太大，因为当多项式的阶数过高时，$\boldsymbol{x}_i{}^{\mathrm{T}}\boldsymbol{x}_j$经过 n 次方之后的值会趋于无穷大或无穷小，这个计算复杂度是人们无法承受的。

(3) 高斯核函数(Gaussian Kernel)

$$K(\boldsymbol{x}_i,\boldsymbol{x}_j)=\mathrm{e}^{-\frac{\|\boldsymbol{x}_i-\boldsymbol{y}_i\|^2}{2\sigma^2}} \tag{5.18}$$

高斯核函数是径向基核函数(Radical Basis Function ，RBF)的一种，是机器学习中一种非常常用的核函数。高斯核函数对应的映射函数为

$$\Phi(x)=\mathrm{e}^{-\sigma x^2}\left(1,\sqrt{\frac{(2\sigma)^1}{1!}}x^1,\sqrt{\frac{(2\sigma)^2}{2!}}x^2,\cdots,\sqrt{\frac{(2\sigma)^i}{i!}}x^i\right) \tag{5.19}$$

其中，$i\to\infty$。

通过这个映射函数我们可以看出，高斯核函数实现了将特征向量映射到无限维空间。高

斯核函数也能够实现非线性的分隔，同时相较于多项式核函数，由于它的参数只有一个 σ，所以模型复杂度相对较低，参数的优化也更加容易一些。高斯核函数无论在大样本集和小样本集上都有比较优异的表现，所以在大多数不知道用什么核函数的情况下，我们会优先试一试高斯函数。

在使用多项式核函数和高斯核函数的时候，需要注意一点，它们在量纲不统一的数据集上表现较差，使用前需要对数据进行无量纲化处理。

5.2 多分类支持向量机

以上的阐述都是针对二类问题的。事实上，如果一个分类问题是 N 类可分的，则这 N 类中的任何两类一定可分。那么基于一定的组合方法，我们可以通过两两分类来实现 N 类可分，这就使得用支持向量机解决多分类问题具备了可行性。使用支持向量机解决多分类问题，通常有三种思路，一对多、一对一、支持向量机树。

5.2.1 一对多

所谓的一对多方法就是，每一个支持向量机都解决了其中一类样本和其他所有样本的划分问题，用这样的方法解决 N 分类问题时需要有 N 个支持向量机，每个支持向量机事实上就是判断一个样本是否属于某一类。在对样本进行分类的时候，依次去问这 N 个支持向量机，是你这一类吗。不过这样分类的结果会出现两个问题现象：一个是问完一圈之后，所有的支持向量机都表示，该样本不是我这一类，这样这个样本就不可分类了；另一个是问完一圈之后，不止一个支持向量机将样本划作自己那一类。

图 5.7 所示的是一个应用一对多方法对三类问题进行分类的示意图。落在图中 A、B、C 区域的样本会同时被两个支持向量机判定为自己这一类，而落在图中 D 区域的样本则会被所有支持向量机判定不属于自己这一类。

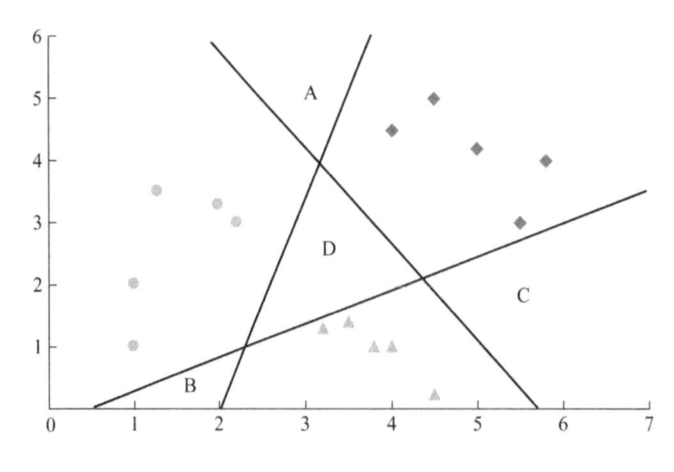

图 5.7　一对多分类方法的示意图

5.2.2　一对一

在一对一的分类方法中，每一个支持向量机解决的都是 N 个分类中两个分类的划分问题，任意两类之间都会由一个支持向量机进行划分，每个支持向量机都会给出一个类别作为投票，根据最后的投票结果产生类别。

如图 5.8 所示，有三类样本，分别为圆形、菱形和三角形，三类样本的两两之间由一个分隔超平面进行划分。对于一个待分类的新样本 x，分隔超平面 A 的分类结果为菱形，分隔超平面 B 的结果为圆形，分隔超平面 C 的结果也为圆形，所以最终的分类结果为圆形样本所代表的那一类。

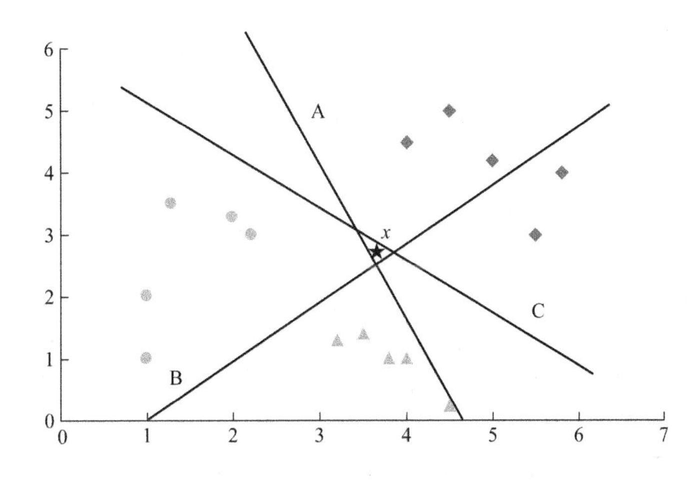

图 5.8　一对一分类方法的示意图

一对一方法很好地解决了样本不可分类的问题，但在在有的情况下投票结果有平票的可能，这个问题比较好解决，可以通过设定一些规则决定最后结果。例如，出现两个类别平票时，考量用于划分平票的两个类的支持向量机对样本的分类结果。

一对一方法有一个比较致命的问题是代价。对于 N 分类问题，该方法需要 $N\times(N-1)/2$ 个支持向量机来完成分类，当 $N=100$ 时，该方法需要训练以及调用的支持向量机数量为 4 950 个，如果 N 更大一些，这个代价就更加无法接受了。

5.2.3　支持向量机树

顾名思义，支持向量机树是一颗由支持向量机组成的树形结构，树中每一个非叶子结点都是一个支持向量机，叶子结点是最终的类别。如图 5.9 所示，从根结点开始，将该结点所包含的类别划分为两个子类，然后对两个子类进一步划分，直到子类中只包含一个类别为止。最后针对每一个节点的样本划分情况，训练支持向量机。

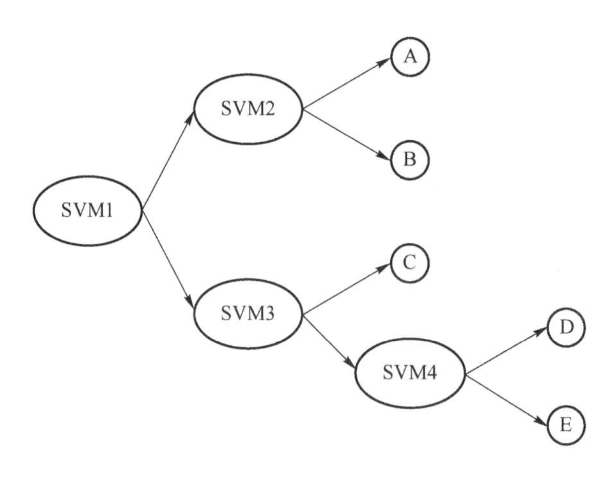

图 5.9　支持向量机的树形结构

5.3　实际应用

5.3.1　支持向量机类介绍

在 Sklearn 库中，有 3 个类可以用于实现支持向量机分类算法，分别是 SVC、NuSVC 和 LinearSVC，其中，SVC 和 NuSVC 使用方法相近，但是在接收参数和使用的方程上略有差别，而 LinearSVC 是一个仅实现线性核函数的支持向量分类算法，所以它在使用的时候不能指定其他的核函数，只能使用线性核函数。在本章中，我们使用 SVC 类实现支持向量机分类。

支持向量机模型的训练首先需要构造 sklearn. svm. SVC 类，通过指定参数决定支持向量机的训练模式。SVC 类的常用参数如表 5.1 所示。

表 5.1　SVC 类的常用参数

名　称	参数说明
C	数据类型为 float，默认值为 1.0。 错误项的惩罚系数 *C* 值越大，同样的误差所付出的代价就会越大，模型对训练样本的准确率高，但泛化能力差，反之，*C* 值越小，所付出的代价就会越小，模型对训练样本准确率有所降低，但泛化能力强
kernel	数据类型为 string，默认值为'rbf'。 指定训练模式时，采用的核函数可选类型有 linear（线性核函）、poly（多项式核函数）、rbf（径向核函数/高斯函数）、sigmod（sigmod 核函数）、precomputed（矩阵函数）
max_iter	数据类型为 int，默认值为－1。 表示最大迭代次数，－1 代表不限制
total	数据类型为 float；默认值为 $1e^{-3}$。 表示目标误差精度
gamma	数据类型为 float；默认值为'auto'。 表示核函数系数，只对 rbf、poly、sigmod 核函数有效，默认为 1/n_features

续表

名　称	参数说明
degree	数据类型为 int，默认值为 3。 当指定 kernel 为'poly'时，表示选择多项式的最高次数，默认为三次多项式。如果核函数不是多项式核函数，则该参数无效
decision_function_shape	数据类型为 string，默认值为'ovr'。 多分类支持向量机的实现方法，ovo 为一对一，ovr 为一对多，默认为 ovr

SVC 类构造完毕之后，可以通过调用该类的相关方法进行模型的训练和使用，如表 5.2 所示。

表 5.2　SVC 类的常用方法

名　称	说　明
fit(X,Y)	在数据集(X,Y)上拟合支持向量机模型
predict(X)	预测数据值 X 的标签
decision_fucntion(X)	返回数据值 X 到决策边界的距离

5.3.2　小试牛刀

我们先构建一个简单的数据集(如图 5.10 所示)，尝试使用 SVC 类。

(1) 准备数据。

我们构建一个 14 行 2 列的数据集，每行数据代表一个点的横纵坐标，最终的数据标签代表该点是否在圆 $x^2+y^2=1$ 内，其中，0 代表不在，1 代表在。

```
data = [[1,1],
        [0.2,0.8],
        [0.5,0.5],
        [1,0],
        [0,0.9],
        [2,0.1],
        [-0.2,0.9],
        [-1,0.3],
        [0.5,-0.5],
        [-1,2],
        [-0.3,-0.7],
        [3,-1],
        [0.6,-0.3],
        [0.8,0.9]]
```

根据数据创建数据标签：

```
target = [0,1,1,1,1,0,1,0,1,0,1,0,1,0]
```

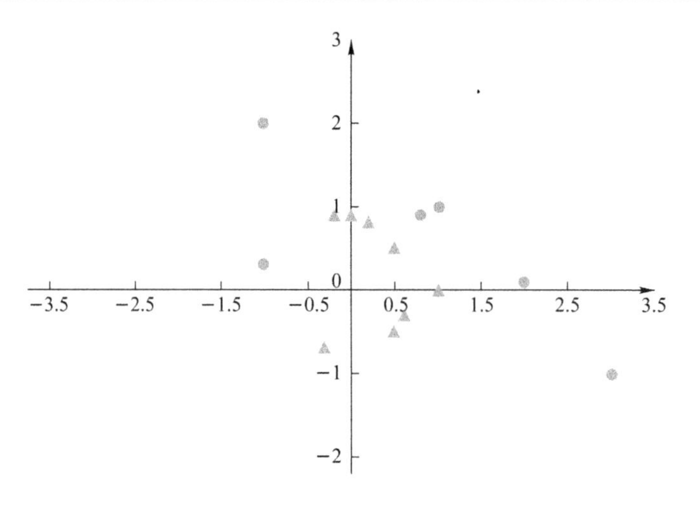

图 5.10 实验数据散点图

(2) 构建支持向量机训练器。

```
fromsklearn.svm import SVC
svc = SVC(kernel='rbf',C=10)
```

(3) 使用数据训练模型。

```
svc.fit(data[0:10],target[0:10])
```

(4) 对测试数据集进行分类。

```
svc.predict(data[10,14])
```

结果如下:

```
[1 0 1 0]
```

与预期的标签相吻合。本例中使用的'rbf'也就是径向基核函数,读者也可自行尝试别的核函数进行测试。

5.3.3 实战演示

本例使用 sklearn 库中自带的乳腺癌数据集,该数据集是一个典型的二分类数据集,适合用支持向量机进行分类。

1. 数据导入

```
#导入乳腺癌数据集
from sklearn.datasets import load_breast_cancer

#加载数据集到 data 中
data = load_breast_cancer()

#获取数据及标签
X = data.data
Y = data.target
```

乳腺癌数据集是 sklearn 中的自带数据集，从 sklearn. datasets 模块中导入 load_breast_cancer 方法，调用该方法即可获得数据集。导入的数据集是 sklearn. utils. Bunch 类，可直接调用 data. data 和 data. target 获取数据和标签。

2. 数据集划分

```
#导入数据集划分方法
from sklearn.model_selection import train_test_split

#划分数据集，测试数据占20%
X_train, X_test, Y_train, Y_test = train_test_split(X, Y, test_size=0.2)
```

sklearn 库中的 train_test_split 方法可以实现对数据集的划分，此处我们将数据集划分为训练数据集和测试数据集，测试数据集占 20%。

3. 训练与测试

```
#导入SVC模块
from sklearn.svm import SVC

#指定训练模型使用径向基核函数
svc = SVC(kernel = 'rbf')
#使用训练数据训练支持向量机
clf = svc.fit(X_train,Y_train)

#在测试数据集上进行准确率测试
print(clf.score(X_test, Y_test))
```

我们在这里还是使用径向基核函数，通过训练得出分类器的 score 方法，直接得出支持向量机在测试数据集上的正确率，结果如下：

```
The accuracy is 0.6052631578947368
```

该准确率表现不佳，主要原因有两点：一是数据集未进行标准化，sklearn 库中的数据预处理模块可以直接对数据进行标准化；二是尚未对参数进行调优，在 sklearn 库中，可用自动网格搜索的方法来寻找最佳参数。

4. 数据集标准化

首先查看数据集的当前数据特征和统计信息，这个可以通过 pandas 模块来实现：

```
#导入pandas模块
import pandas as pd

#将数据集转化为DataFrame
dataframe = pd.DataFrame(X)

#输出数据特征及统计信息
print(dataframe.describe())
```

输出结果如下：

```
                 0           1  ...          28          29
count   569.000000  569.000000  ...  569.000000  569.000000
mean     14.127292   19.289649  ...    0.290076    0.083946
std       3.524049    4.301036  ...    0.061867    0.018061
min       6.981000    9.710000  ...    0.156500    0.055040
25 %     11.700000   16.170000  ...    0.250400    0.071460
50 %     13.370000   18.840000  ...    0.282200    0.080040
75 %     15.780000   21.800000  ...    0.317900    0.092080
max      28.110000   39.280000  ...    0.663800    0.207500
```

从数据特征在每一个维度上的均值、标准差可以看出，数据集未经过标准化时会影响支持向量机的性能。我们使用 sklearn 库中的 StandardScaler 方法对数据进行标准化：

```
# 导入 StandardScaler
from sklearn.preprocessing import StandardScaler
# 对数据集进行标准化
X = StandardScaler().fit_transform(X)

dataframe = pd.DataFrame(X)

# 再次查看数据特征及统计信息
print(dataframe.describe())
```

查看标准化之后的数据特征及统计信息：

```
                  0              1  ...             28             29
count  5.690000e+02   5.690000e+02  ...   5.690000e+02   5.690000e+02
mean  -3.162867e-15  -6.530609e-15  ...  -2.289567e-15   2.575171e-15
std    1.000880e+00   1.000880e+00  ...   1.000880e+00   1.000880e+00
min   -2.029648e+00  -2.229249e+00  ...  -2.160960e+00  -1.601839e+00
25 %  -6.893853e-01  -7.259631e-01  ...  -6.418637e-01  -6.919118e-01
50 %  -2.150816e-01  -1.046362e-01  ...  -1.274095e-01  -2.164441e-01
75 %   4.693926e-01   5.841756e-01  ...   4.501382e-01   4.507624e-01
max    3.971288e+00   4.651889e+00  ...   6.046041e+00   6.846856e+00
```

在标准化之后的数据集上再次进行训练和测试：

```
X_train, X_test, Y_train, Y_test = train_test_split(X, Y, test_size=0.2)
svc = SVC(kernel = 'rbf')
clf = svc.fit(X_train,Y_train)
print("The accuracy is %s" % clf.score(X_test, Y_test))
```

得出结果如下：

```
The accuracy is 0.9649122807017544
```

准确率已经有了显著的提升。

5. 参数调优

参数调优可以使用网格化搜索的方法寻找最优参数，但是需要注意如果网格范围设置的过大且步长较小的话，可能搜索耗时会非常大。可以考虑先使用大范围、大步长的网格初步定位最优参数，然后在找到的参数邻近区域再设置精细步长，从而找寻最优参数。

```
# 导入 GridSearchCV 进行网格搜索
from sklearn.model_selection import GridSearchCV

# 使用径向基核函数
svc = SVC(kernel = 'rbf')

# 设置 gamma 范围
gamma_range = np.arange(0,1,0.05)
# 设置 C 范围
C_range = np.arange(0.1,20,1)

# 创建网格
param_grid = dict(gamma = gamma_range, C = C_range)

# 创建网格训练模型
grid = GridSearchCV(svc, param_grid)

# 使用训练数据集进行训练
clf = grid.fit(X_train, Y_train)

# 使用测试数据集进行测试
score = grid.score(X_test, Y_test)

# 输出准确率
print("The accuracy of grid is %s" % score)

# 输出寻找到的最优参数
print("The best params are: ", grid.best_params_)
```

输出结果如下：

```
The accuracy of grid is 0.9824561403508771
The best params are: {'C': 2.1, 'gamma': 0.05}
```

下一步，可以在获得的最优解附近再次进行检索：

```
The accuracy of grid is 0.9912280701754386
The best params are: {'C': 2.3000000000000001, 'gamma': 0.03}
```

至此训练出的支持向量机在测试数据集上已经有了令人满意的表现。读者还可在此基础上使用其他核函数并进行参数调优。

5.4 本章小结

本章介绍了机器学习中的支持向量机算法，其本质是寻找一个能够构造出最大间隔的决策边界，通过这个决策边界对样本进行划分，这里只是进行了简单讲解。有了本章的知识，读者可以对支持向量机进行深入研究，如构造自定义核函数或者对原有核函数参数进行调优。

支持向量机算法的优点：理论基础坚实；最终决策函数只由少数的支持向量确定，计算的复杂性低；仅用少量样本即可取得较好表现。

支持向量机算法的缺点：在大规模数据集上难以实施；多分类实现复杂。

第6章　AdaBoost

本章给大家介绍 AdaBoost 算法，它是一种集成学习算法，与之前介绍的算法不同，它针对同一个训练数据集训练，得到不同的弱分类器，然后把这些弱分类器集合起来，构成一个强分类器，从而实现更准确的分类。

6.1　AdaBoost 算法介绍

1988 年，Kearns 等提出了 PAC 学习模型中的弱学习算法和强学习算法的等价性问题。如果这一问题可以得到证明，那就意味着只要找到比随机猜测略好的弱学习算法，就可以将其提升为强学习算法，而不必直接去研究较难获得的强学习算法。

1990 年，Schapire 构造出一种多项式级的算法，对该问题做了肯定的证明：一个概念弱可学习的充要条件是这个概念强可学习，这也就是最早的 Boosting 算法。

1996 年，Freund 与 Schapire 提出了 AdaBoost(Adaptive Boost)算法，并迅速地成为最流行的 Boosting 算法。

AdaBoost 算法的核心思想在于将多个分类器进行合理的结合，使其成为一个更强的分类器。本节我们将介绍，基于这一核心思想，AdaBoost 是如何将相对较弱分类器集合提升为一个强分类器的。

6.1.1　强分类器与弱分类器

在 AdaBoost 算法中，有两个非常重要的概念：弱分类器和强分类器。

所谓弱分类器，是指分类正确率略大于 50%的分类器，也就是分类准确率仅略高于随机猜测的分类准确类。

所谓强分类器，是指分类正确率较高(通常大于 90%)的分类器。

6.1.2　集成学习

将弱分类器集合提升为一个强分类器并不是 AdaBoost 算法独有的，而是一类算法的共同思路——集成学习算法。

其存在的基础在于，在机器学习过程中，单个学习可能无法得到一个在各个方面表现都较好的分类器，我们只能获得一系列表现欠佳的分类器，而集成学习可以将这一系列表现欠佳的分类器集合起来，获得一个表现优异的分类器。集成学习中有两个关键步骤：生成个体分类器和将个体分类器集成为强分类器。

1. 个体分类器

个体分类器可以采用多种分类算法，如决策树、神经网络和支持向量机等。在个体分类器生成的时候，有两种情况：一是所有个体分类器都是相同类型的，要么都是决策树，要么都是支持向量机或者是别的分类器；二是所有的个体分类器不全是相同类型的，有的是决策树，有的是支持向量机等。

一般来说，所有个体分类器都是相同类型的应用更加广泛一些。

2. 分类器集成

将个体分类器集合起来的方式有两类。

一类是序列集成，参与训练的分类器按照顺序生成，分类器之间存在依赖关系。Boosting 家族的一系列算法就是序列集成的，AdaBoost 算法是其中的典型代表。

一类是平行集成，参与训练的分类器并行生成，分类器之间是相互独立的，随机森林算法是其中的典型代表。

6.1.3 AdaBoost 算法思想

AdaBoost 算法是通过迭代的方式逐个生成弱分类器的，每次迭代过程只训练一个弱分类器，并根据分类结果调整每个数据样本的权重，增大分类错误数据样本的权重，减小分类正确数据样本的权重。在下一次迭代时会对更新权重后的数据样本进行分类。最终的分类结果由全部弱分类器的分类结果综合给出，每个弱分类器的权重由该分类器的分类误差决定。

所以，在 AdaBoost 算法中有两个重要的权重值：一个是样本权重，第一轮迭代时每个样本的权重都相同，从第二轮开始，上一轮训练中被错误分类的样本权重会增加，正确的会减少，从而使下一轮训练更加关注被分类错误的样本；另一个是分类器的权重，AdaBoost 算法的最终结果是通过加权投票得到的，而这个权重的大小是根据该分类器的分类误差计算得到的。

6.1.4 AdaBoost 算法流程

下面以二分类问题为例，描述 AdaBoost 算法流程。

输入：

(1) 包含 m 个样本的训练数据集 $D=\{(x_1,y_1),(x_2,y_2),\cdots,(x_m,y_m)\}$，其中，$x_i\in X\subseteq \mathrm{R}^n$，$y_i\in Y\subseteq\{-1,1\}$。

(2) 个体学习算法 H。

(3) 迭代次数 T。

(4) 目标误差 E。

输出：最终的强分类器 $G(x)$。

算法流程如下。

(1) 初始化。

在迭代开始前，每个样本的样本权重相同，即

$$\boldsymbol{W}_1=(w_{11},w_{12},w_{13},\cdots,w_{1m}) \tag{6.1}$$

其中，$w_{1i}=\frac{1}{m}$，$i=1,2,3,\cdots,n$。

(2) 迭代。

一共有 $t=1,2,3\cdots T$ 次迭代，对于第七次迭代，有以下执行过程。

① 基于权重分布 $\boldsymbol{W}_t$，使用数据集 D 训练个体分类器。

$$h_t=H(D,\boldsymbol{W}_t) \tag{6.2}$$

② 计算个体分类器 h_t 的分类误差。

$$\varepsilon_t = \sum_{i=1}^{m} w_{ti} I(h_t(x_i) \neq y_i) \tag{6.3}$$

其中，$I(h_t(x_i)\neq y_i)$在分类正确时取值为 0，在不正确时取值为 1。此处计算得到的误差应当小于 0.5，这是基于我们之前对个体准确率高于随机猜测的要求，因为如果直接进行随机分类，二分类的错误率应该等于 0.5。

③ 根据个体分类器的分类误差计算分类器的权重。

$$\alpha_t=\frac{1}{2}\ln\left(\frac{1-\varepsilon_t}{\varepsilon_t}\right) \tag{6.4}$$

当$\varepsilon_t<0.5$ 时，α_t随着ε_t的减小而增大，也就是分类误差越小的个体分类器的权重越大，在最终分类器中的作用也越大。

④ 更新训练数据集的权值分布，用于下一轮迭代。

$$\boldsymbol{W}_{t+1}=(w_{t+1,1}w_{t+1,2},w_{t+1,3},\cdots,w_{t+1,m}) \tag{6.5}$$

$$w_{t+1,i}=\frac{w_{ti}}{Z_t}\mathrm{e}^{-y_i\alpha_t h_t(x_i)} \quad i=1,2,3,\cdots,m \tag{6.6}$$

其中，Z_t为规范化因子，使 $\boldsymbol{W}_{t+1}$成为一个概率分布。

$$Z_t = \sum_{i=1}^{m} w_{ti}\,\mathrm{e}^{-y_i\alpha_t h_t(x_i)} \tag{6.7}$$

样本权重的更新只与上一轮样本权重和弱分类器有关。可以看出，若样本分类正确，则新权重会变小，若样本分类错误，则新权重会变大。这会使得上一轮分类错误地样本的权重变大，使其在新一轮训练中得到重视。

⑤ 当前迭代后，个体分类器集合为

$$G_t(x) = \mathrm{sign}\left(\sum_{i=1}^{t}\alpha_i h_i(x)\right) \tag{6.8}$$

⑥ 使用当前个体分类器集合对样本进行分类，如误差小于目标误差，则迭代提前结束，当前个体分类器集合即为最终的强分类器。误差计算公式如式(6.9)所示。

$$E_t = \sum_{i=1}^{m} \frac{1}{m} I(G_t(x_i) \neq y_i) \tag{6.9}$$

若迭代次数达到上限，则最终强分类器为

$$G(x) = \mathrm{sign}\left(\sum_{i=1}^{T}\alpha_i h_i(x)\right) \tag{6.10}$$

6.1.5 AdaBoost 实例演示

下面我们基于一组一维数据样本来演示 AdaBoost 算法的流程。个体分类器为 $y=$

$\text{sign}(ax-b)$，$a\in\{1,-1\}$，迭代次数为 3，数据集如表 6.1 所示。

表 6.1 演示数据集

x	1	2	3	4	5	6	7	8	9	10
y	1	1	1	−1	−1	−1	−1	−1	1	1

样本初始化权重为 $\boldsymbol{W}_1=(0.1,0.1,0.1,0.1,0.1,0.1,0.1,0.1,0.1,0.1)$。

(1) 第一轮迭代

① 基于初始化权重，使用该数据集训练个体分类器得到最优分类器。

$$y=\text{sign}(3.5-x) \tag{6.11}$$

② 该分类器误分样本为 $x=9,10$，样本权重都为 0.1，分类误差为 0.2。

③ 该分类器权重为 $\alpha_t=\frac{1}{2}\ln\left(\frac{1-\varepsilon_t}{\varepsilon_t}\right)=0.693\,15$。

④ 正确分类的样本权重更新为 0.062 5，错误分类样本的权重更新为 0.25，新的样本权重为

$$\boldsymbol{W}_2=(0.062\,5,0.062\,5,0.062\,5,0.062\,5,0.062\,5,0.062\,5,0.062\,5,0.062\,5,0.25,0.25)$$

此处我们不再考虑目标误差，而是一直训练，直到迭代次数达到上限。

(2) 第二轮迭代

① 基于上一轮更新后的权重，使用该数据集训练个体分类器，从而得到最优分类器。

$$y=\text{sign}(x-8.5) \tag{6.12}$$

② 该分类器误分样本为 $x=1,2,3$，根据样本权重计算得到的分类误差为 0.187 5。

③ 该分类器权重为 $\alpha_t=\frac{1}{2}\ln\left(\frac{1-\varepsilon_t}{\varepsilon_t}\right)=0.733\,17$。

④ 更新的样本权重为

$$\boldsymbol{W}_3=(0.166\,67,0.166\,67,0.166\,67,0.038\,46,0.038\,46,0.038\,46,0.038\,46,0.038\,46,0.153\,85,0.153\,85)$$

(3) 第三轮迭代

① 基于上一轮更新后的权重，使用该数据集训练个体分类器得到最优分类器。

$$y=\text{sign}(x-0.5) \tag{6.13}$$

② 该分类器误分样本为 $x=4,5,6,7,8$，根据样本权重计算得到的分类误差为 0.192 31。

③ 该分类器权重为 $\alpha_t=\frac{1}{2}\ln\left(\frac{1-\varepsilon_t}{\varepsilon_t}\right)=0.717\,54$。

④ 本轮为最后一轮迭代，无须更新样本权重。

得到的最终分类器为

$$G(x)=\text{sign}(0.693\,15\times\text{sign}(3.5-x)+0.733\,17\times\text{sign}(x-8.5)+0.717\,54\times\text{sign}(x-0.5))$$

使用该分类器对数据集进行分类，得到的结果如表 6.2 所示。

表 6.2 最终分类结果

x	1	2	3	4	5	6	7	8	9	10
y	1	1	1	−1	−1	−1	−1	−1	1	1

我们通过 3 个非常简单的弱分类器的权重投票结果，得到了最终 100% 的准确率，这就是

AdaBoost 算法所能带来的提升。

6.1.6 AdaBoost 的优缺点

AdaBoost 算法的优点如下。

(1) AdaBoost 算法中的个体分类器可以支持多种机器学习算法，具有较高的灵活性和广泛的适应性。

(2) 主要需要优化的参数只有迭代次数，也就是个体分类器的个数。

(3) 多个个体分类器具有不同的局部最小，结合起来能在一定程度上相互抵消，从而减小了算法陷入某个局部最小的风险。

AdaBoost 算法的缺点如下。

(1) 对噪声数据较为敏感，异常数据在多次迭代过程中可能累积极高的权重。

(2) 不平衡数据会对分类结果造成较大影响。

6.2 AdaBoost 算法演变

6.2.1 多分类 AdaBoost 算法

AdaBoost 最初是用来解决二分类问题的，用于解决多分类问题的一个困难在于：对于二分类问题，个体分类器的分类准确率只需略高于 0.5，但对于 k 分类问题，这一条件要求过强，但如果只要求略高于 $1/k$ 又过弱。

AdaBoost 算法解决多分类问题有两个思路。

一是将多分类问题拆解成多个二分类问题，这和支持向量机解决多分类问题的方法一致。Ada Boost. M2 是一对一拆解方法中的典型代表，采用了一对多拆解方法，还有纠错输出编码、层次拆解等方法。此类方法的好处是，绕开了寻找个体分类器准确率的要求条件这一难题。

二是对二分类 AdaBoost 算法直接进行修改，使之能够适应多分类问题。此类方法有两点要求：一是个体分类器要支持多分类；二是调整个体分类器准确率要求，使之能够适用于多分类问题。在 Sklearn 库中使用的 AdaBoost. SAMME 算法就采用了此类方法。

6.2.2 抑制样本噪声

在理想情况下，个体分类器之间应该是多样的，以提升最终强分类器的泛化能力和分类准确性。

AdaBoost 算法通过对分类错误样本增加权重来使得这些样本在后续个体分类器训练时获得更多的关注，以令错分样本能被正确分类。所以，在 AdaBoost 算法迭代后期，对错分样本(尤其是噪声数据)的过度关注，有可能会导致后期训练得到的个体分类器开始趋同，这对 AdaBoost 分类器的性能影响是显著的，这是非常典型的退化问题。

如何避免对错分样本及噪声数据的过度关注，是解决此类情况的主要途径。较为简单的方法是进行权限阈值的设定，以避免对部分数据的过度关注。一类方法的关键在于权限阈值的选择，NAdaBoost 算法是其中的典型，另一类方法是通过调整权值更新算法来优化权值的更新过程，从而避免对此类样本的过度关注。

6.3 实际应用

6.3.1 AdaBoostClassifier 类介绍

在 sklearn 库中，有两个与 AdaBoost 相关的类库：一个是 AdaBoostClassifier 类库；另一个是 AdaBoostRegressor 类库。显然前者是分类算法，后者是回归算法。在本章中，我们使用 AdaBoostClassifier 类库实现 AdaBoost 分类。

训练 AdaBoost 时首先需要构造 sklearn. ensemble. AdaBoostClassifier 类，通过指定参数决定 AdaBoost 的训练模式。AdaBoostClassifier 类构造常用参数如表 6.3 所示。

表 6.3 AdaBoostClassifier 类构造常用参数

名　称	参数说明
base_estimator	数据类型为 object，默认值为 DecisionTreeClassifier。 表示个体分类器所用学习算法，默认是决策树
algorithm	数据类型为 string，默认值为' SAMME. R'。 sklearn 在实现 AdaBoost 时，实现了两种算法：SAMME 和 SAMME. R。SAMME 基于样本集分类准确率计算个体分类器的权重，而 SAMME. R 基于对样本集分类的预测概率计算个体分类器的权重，所以当使用 SAMME. R 时，需要保证个体分类器支持概率预测
n_estimators	数据类型为 int，默认值为 50。 表示个体分类器的最大数量，也就是最大的迭代次数，对于 AdaBoost 来说，每迭代一次就会产生一个个体分类器
learning_rate	数据类型为 float，默认值为 1。 表示每个弱个体分类器的权重缩减系数

构造完毕之后，可以通过调用该类的相关属性、方法进行模型的训练和使用，如表 6.4 所示。

表 6.4 AdaBoostClassifier 类的常用属性、方法

名　称	说　明
fit(X，Y)	在数据集(X，y)上拟合 AdaBoost 模型
predict(X)	预测数据值 X 的标签
estimators_	训练得到的个体分类器集合
estimator_weights_	个体分类器的权重

6.3.2 小试牛刀

(1) 我们首先构造一份二维空间内的数据样本。调用 sklearn. datasets 中的 make_moons 方法构造一个月牙形数据集,如图 6.1 所示。

```
# 导入 make_moons 方法
from sklearn.datasets import make_moons

# 导入 matplotlib.pyplot 用于绘制数据样本
import matplotlib.pyplot as plt

# 生成月牙形数据集,共计 1000 个样本
X,Y = make_moons(n_samples = 1000,noise = 0.1)

# 将生成的数据集绘制出来
plt.scatter(X[:,0],X[:,1],marker = 'o',c = Y)
plt.show()
```

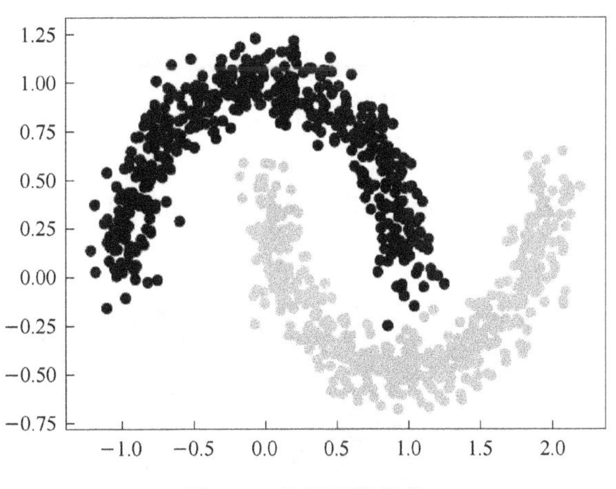

图 6.1　月牙形数据集

在 sklearn. datasets 中除了内置数据集外,还提供了各种生成数据集的方法,可以生成高斯分布数据集、同心圆数据集等,读者可以自行研究。

(2) 调用 AdaBoostClassifier 类定义分类模型,并进行拟合。选用的单个分类器为一个二层的决策树,这是 AdaBoost 算法中最常用的一种单个分类器。单个分类器个数设置为 200。

```
# 定义一个 AdaBoost 模型
bdt = AdaBoostClassifier(DecisionTreeClassifier(max_depth = 2, min_samples_
        split = 20, min_samples_leaf = 5),
                         algorithm = "SAMME",
                         n_estimators = 200)

# 使用生成的数据集进行拟合
bdt.fit(X,Y)
```

(3) 建立网格,将分类区域展示出来。

```
#获取样本各维度最大值与最小值
x_min, x_max = X[:, 0].min() - 1, X[:, 0].max() + 1
y_min, y_max = X[:, 1].min() - 1, X[:, 1].max() + 1

#根据最大、最小值生成网格
xx, yy = np.meshgrid(np.arange(x_min, x_max, 0.01),
         np.arange(y_min, y_max, 0.01))

#预测网格上每个点的类别
Z = bdt.predict(np.c_[xx.ravel(), yy.ravel()])
Z = Z.reshape(xx.shape)

#绘制轮廓线并填充
cs = plt.contourf(xx, yy, Z, cmap = plt.cm.Paired)

#绘制原数据样本
plt.scatter(X[:, 0], X[:, 1], marker = 'o', c = Y)
plt.show()
```

拟合出的分类区域如图 6.2 所示,可以看见 AdaBoost 算法能够较好地将两类样本区分开。

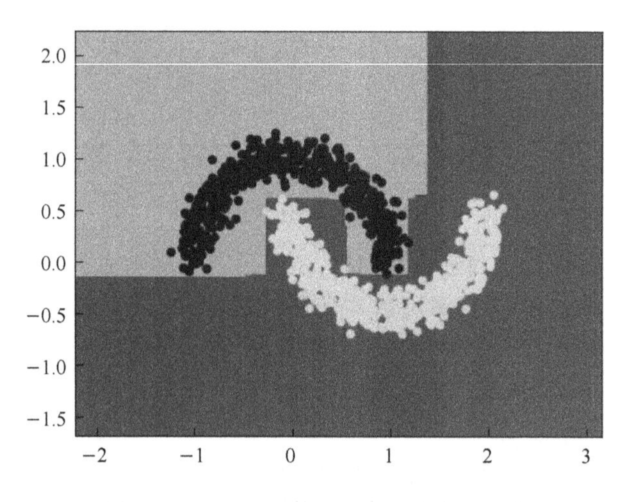

图 6.2 AdaBoost 算法拟合出的分类区域

6.3.3 实战演示

本例使用 sklearn 库中自带的乳腺癌数据集,该数据集是一个二分类数据集。

（1）数据导入

```
#导入乳腺癌数据集
from sklearn.datasets import load_breast_cancer

#加载数据集到 data 中
data = load_breast_cancer()

#获取数据及标签
X = data.data
Y = data.target
```

（2）数据集划分

```
#导入数据集划分方法
from sklearn.model_selection import train_test_split

#划分数据集,测试数据占 20%
X_train, X_test, Y_train, Y_test = train_test_split(X, Y, test_size = 0.2)
```

（3）训练与测试

```
#导入 AdaBoost 分类器
from sklearn.ensemble import AdaBoostClassifier

#导入决策树分类器
from sklearn.tree import DecisionTreeClassifier

#定义一个以决策树为个体学习期的 AdaBoost 分类器
bdt = AdaBoostClassifier(DecisionTreeClassifier(max_depth = 2, min_samples_
        split = 20, min_samples_leaf = 5),
                algorithm = "SAMME",
                n_estimators = 300, learning_rate = 1)
clf = bdt.fit(X_train,Y_train)
#在测试数据集上进行准确率测试
print("The accuracy is",clf.score(X_test, Y_test))
```

通过训练出的分类器的 score 方法，直接得出 AdaBoost 算法在测试数据集上的正确率，结果如下：

```
The accuracy is 0.9736842105263158
```

与前面章节使用支持向量机进行分类不同，此处我们并没有将数据进行标准化处理，但同样能够获得较好的分类表现。

6.4 本章小结

本章给大家介绍了机器学习中的 AdaBoost 算法，其核心是将多个个体分类器进行合理的结合，使其成为一个强分类器。这是一类称之为集成学习的算法，将多个个体分类器结合成强分类器的方法还有很多，有了本章的基础，读者可以对其进行深入研究。

第7章 线性回归

本章介绍线性回归算法，这是一种最基础的回归算法，它是利用数理统计中线性回归方程，来确定两种或两种以上变量间相互依赖的定量关系的一种统计分析方法。与之前介绍的分类算法不同的是，回归算法要做的是通过样本数据拟合出一个连续的数值，而非分类算法中离散的标签。

7.1 线性回归介绍

回归分析作为一种统计学分析，是英国生物学家弗朗西斯·高尔顿于19世纪初，为了分析儿童身高与父母身高之间的关系提出的，后来很快成为一种普遍使用的预测性建模技术。

线性回归是利用线性模型进行连续型数据预测的回归分析方法，同时也是一种简单并广泛使用的回归分析方法，本节将介绍线性回归的基本原理和实现方法、线性回归损失函数优化以及随机抽样一致的线性回归方法。

7.1.1 回归

回归是研究一组输入特征($X_1,X_2,\cdots,X_k$)和另一组输出值($Y_1,Y_2,\cdots,Y_k$)相互依赖定量关系的统计分析方法。回归和分类都是监督学习问题，要完成的任务都是对于给定的输入 X 和输出 Y，学习从输入到输出的映射，只不过对于回归问题，映射的结果是一个数值，而非标签。在学习效果的衡量上，回归的目的是尽可能接近训练集中给定的输出值，而分类的目标在于得到正确的预测标签。

一个典型的例子是股票价格预测。对于一只股票来说，影响它价格的因素可能有很多，如历史交易量、历史开盘价、历史收盘价、市值、市盈率等，这些就是我们所说的观测变量，我们的目标是通过回归模型拟合出这些影响因素到股票价格的映射关系。这个价格很难是完全准确的，我们要做的就是尽可能令预测值接近于实际值。

常用的回归分析方法有线性回归、Logistic 回归(注意，Logistic 回归是一种解决分类问题的算法)和多项式回归等。很多分类算法可推广到回归问题，如支持向量回归和 AdaBoost 回归等。

7.1.2 线性模型

对于一个 m 维特征集：

$$X=\{x_1,x_2,x_3,\cdots,x_n\} \tag{7.1}$$

其中，$x_i \in \mathbb{R}^m$。

每一个特征与一个输出值 y_i 相关联：

$$Y=\{y_1,y_2,y_3,\cdots,y_n\} \tag{7.2}$$

其中，$y_i \in \mathbb{R}$。

如果特征与输出值之间存在线性关系，那么输出值的近似值应当能够被如下多元一次方程表达：

$$\tilde{y} = w_0 + \sum_{i=1}^{m} w_i x_i \tag{7.3}$$

我们的任务就是构造一组最优参数 $\boldsymbol{w}=(w_0,w_1,w_2,\cdots,w_m)$，去拟合输入特征与输出值。衡量参数 w 的好坏很简单，只需要遵循一个原则：预测值与实际值之间的差值越小，拟合效果越佳。

所以，我们可以提出如下基于最小二乘法的损失函数：

$$L = \frac{1}{2}\sum_{i=1}^{n} \|\tilde{y} - y_i\|^2 \tag{7.4}$$

梯度下降算法是解决该问题的常用方法。

7.1.3 梯度下降算法

求一个函数的最小值时，首先要找到它的极小值点，而求极值需要令其一阶导数的值为0，求解该微分方程即可得到极值点。然而在大部分情况下，这一求解过程对于计算机来说是非常困难的，所以我们需要一种更适合计算机处理的方式：通过搜索求得极小值点。

但是，网格化搜索的代价是我们无法接受的，我们需要对搜索的方法进行优化，梯度下降算法正是一个代价可以接受的搜索方法。

梯度是一个矢量，表示函数在特定点沿改矢量方向上的方向导数最大。方向导数最大也就意味着函数的值在该方向上增长得最快，那么它的反方向也就是函数的值减小最快的方向。沿着梯度反方向不断运动，应当能够到达函数的极小值点，这就是梯度下降算法。

对于前面的损失函数 L，其梯度向量为

$$\nabla_{w} L = \left(\frac{\partial L}{\partial w_0},\frac{\partial L}{\partial w_1},\frac{\partial L}{\partial w_2},\cdots,\frac{\partial L}{\partial w_m}\right) \tag{7.5}$$

搜索开始于一个随机变量 $\boldsymbol{w}$，然后再每一步沿着与梯度相反的方向更新 $\boldsymbol{w}$：

$$\Delta w_i = -\alpha \frac{\partial L}{\partial w_i} \tag{7.6}$$

$$w_i = w_i + \Delta w_i \tag{7.7}$$

其中，α 为步长，决定 $\boldsymbol{w}$ 移动的距离，其取值极为重要。如果步长取值过小，每一步的幅度就太小，那么就需要很多的迭代次数才能够收敛；如果步长取值过大，则有可能直接跨过极值点，不断地在极值点附近摆动而无法收敛。

7.1.4 一元线性回归

当输入的特征值维度为1，且输入特征与输出值呈线性关系时，我们可以采用一元线性回

归进行分析。

1. 数据集生成

使用 Python 生成一个数据集，该数据集围绕直线 $y=2x+1+\text{noise}$ 生成，其中 noise 是随机噪声，使得生成的数据集围绕直线波动。

```
#导入 make_regression 用于生成线性回归数据集
from sklearn.datasets import make_regression
import matplotlib.pyplot as plt
#生成一个包含 100 个 1 维输入特征的线性数据集，coef 为斜率
X,Y,coef = make_regression(n_samples = 100,n_features = 1,noise = 15,coef = True,
          random_state = 1)

#调整直线斜率与截距
Y = Y/coef * 2 + 1

#画出数据样本散点图
plt.scatter(X,Y,s = 5)

#画出拟合直线
plt.plot([-2.5,2.5], [-4,6], 'r-')

#绘制网格
plt.grid(ls = '--')

plt.show()
```

生成的数据集如图 7.1 所示。

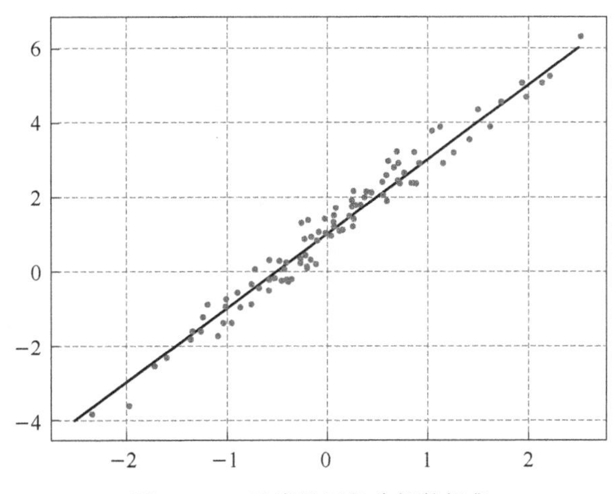

图 7.1 一元线性回归分析数据集

2. 一元线性回归最优解推导

对于一元线性回归，回归方程包含两个参数：

$$\tilde{y}=w_0+w_1x \tag{7.8}$$

此时损失函数为

$$L=\frac{1}{2}\sum_{i=1}^{n}\|\tilde{y}-y_i\|^2=\frac{1}{2}\sum_{i=1}^{n}(w_0+w_1x_i-y_i)^2 \tag{7.9}$$

当损失函数取到全局最小值时，应该有损失函数对 w_0 和 w_1 的偏导数都为 0，即

$$\begin{cases}\dfrac{\partial L}{\partial w_0}=\sum\limits_{i=1}^{n}(w_0+w_1x_i-y_i)=0\\ \dfrac{\partial L}{\partial w_1}=\sum\limits_{i=1}^{n}(w_0+w_1x_i-y_i)x_i=0\end{cases} \tag{7.10}$$

通过推导可得

$$\begin{cases}w_1=\dfrac{\sum\limits_{i=1}^{n}(x_i-\overline{x})(y_i-\overline{y})}{\sum\limits_{i=1}^{n}(x_i-\overline{x})^2}\\ w_0=\overline{y}-w_1\overline{x}\end{cases} \tag{7.11}$$

3. 最优解公式计算

我们可以编写如下程序计算我们推导得到的解。

```
# 导入 numpy
import numpy as np

# reshape 输入特征 X，以便进行点积
X = X.reshape(100)

# 求 X 于 Y 均值
avg_x = sum(X)/100
avg_y = sum(Y)/100

# w1 求解公式可以转化成矩阵点积的形式计算
w1 = np.dot((X - avg_x),(Y - avg_y))/np.dot((X - avg_x),(X - avg_x))

# 根据 w1 可以简单计算得到 w0
w0 = avg_y - w1 * avg_x

print("w0 =", w0, ", w1 =", w1)
```

得到输出结果为

```
w0 = 1.0753438733815908,  w1 = 2.0329693032684233
```

拟合结果与我们生成数据时所使用的直线方程接近：

$$y=2.033x+1.075 \tag{7.12}$$

4. 线性回归方程求解

损失函数的梯度为

$$\nabla_w L = \left(\frac{\partial L}{\partial w_0},\frac{\partial L}{\partial w_1}\right) = \left(\sum_{i=1}^{n}(w_0+w_1x_i-y_i),\sum_{i=1}^{n}(w_0+w_1x_i-y_i)x_i\right) \tag{7.13}$$

解决这个问题我们需要定义3个方法：损失函数计算方法、梯度计算方法以及梯度下降执行方法，具体实现如下：

```
#样本数量
num_samples = 100

#定义损失函数
def loss(w):
    L = 0
    for i in range(0,num_samples):
        L = L + np.square(w[0] + w[1] * X[i] - Y[i])
    return 0.5 * L

#定义梯度计算函数
def gradient(w):
    g = [0,0]
    for i in range(0,num_samples):
        g[0] = g[0] + w[0] + w[1] * X[i] - Y[i]
        g[1] = g[1] + (w[0] + w[1] * X[i] - Y[i]) * X[i]
    return np.array(g)

#梯度下降算法。cur_w - 初始参数;step - 步长;target - 收敛目标
def gradient_descent(cur_w = [0,0], step = 0.01, target = 0.0001, max_iters = 10000):
    for i in range(max_iters):
        #计算当前梯度
        grad_cur = gradient(cur_w)
        #如果梯度值达到目标,终止迭代
        if np.dot(grad_cur,grad_cur) < target:
            break
        #更新梯度
        cur_w = cur_w - grad_cur * step
        print("第", i + 1, "次迭代:w 值为 ", cur_w)

print("局部最小值为 L = ", loss(cur_w))
print("局部最小值对应参数为 w = ", cur_w)

#调用梯度下降算法
gradient_descent()
```

梯度下降算法得到的结果是：

```
第 1 次迭代:w 值为   [1.19850695 1.66544351]
第 2 次迭代:w 值为   [1.09760963 1.94728788]
第 3 次迭代:w 值为   [1.0805347 2.01338496]
第 4 次迭代:w 值为   [1.07653035 2.02848673]
第 5 次迭代:w 值为   [1.07561544 2.0319434 ]
第 6 次迭代:w 值为   [1.07540603 2.03273451]
第 7 次迭代:w 值为   [1.0753581 2.03291557]
局部最小值为  L = 5.743440623192151
局部最小值对应参数为  w = [1.0753581 2.03291557]
```

仅用 7 次迭代后几乎得到了一个接近于原直线方程的结果。不过应当注意，这里对求得最小值的称呼是局部最小值，这是因为在损失函数存在多个极小值点的时候，梯度下降算法所得到的结果未必是全局最小值，而可能只是其中的一个极小值点。

在实际应用过程中，输入特征通常不会是一维的。不过理解了一元线性回归算法的原理后，多元线性回归算法的就是一个向一般情况的推广了。

7.1.5 决定系数

在回归问题中，我们如何衡量拟合结果的好坏。我们需要一种反映模型拟合优度的统计量，这就是决定系数(Coefficient of Determination)，通常我们称之为 R 方。其计算方法如下：

$$R^2 = 1 - \frac{\sum (y-\hat{y})^2}{\sum (y-\bar{y})^2} \tag{7.14}$$

R^2 趋近于 1，说明回归的结果越接近于实际值；R^2 越接近于 0，说明回归模型的拟合度越差。在 Python 中，我们可以简单地使用 sklearn.metrics 中的 r2_score 方法来计算决定系数：

```
sklearn.metrics.r2_score(y_true, y_predict)
```

7.2 算法优化

7.2.1 损失函数优化

普通的最小二乘法对于噪声特别敏感，从而导致线性方程的部分参数激增，带来的后果是回归结果由部分参数数值极大的特征决定，而其他特征很难发挥作用。岭回归、Lasso 回归和 ElasticNet 回归是解决该问题的常用方法。它们通过在损失函数中引入额外的惩罚项来限制部分参数的无限增长，下面我们具体了解这 3 种方法是如何发挥作用的。

1. 岭(Ridge)回归

在岭回归中引入一个 L2 范数惩罚项,其中 λ 为非负数:

$$\lambda \|w\|_2^2 \tag{7.15}$$

那么新的损失函数为

$$L = \sum_{i=1}^{n} \|\tilde{y} - y_i\|^2 + \lambda \|w\|_2^2 \tag{7.16}$$

通过引入新的惩罚项,损失函数增加了对 w 的约束(正则化),使得 w 不能够无限制地增大,线性模型需要在更高的精度和更好的泛化能力间做出权衡,而这个权衡是由 λ 做出的。显然 λ 越大,则意味着对 w 有更强的约束,我们会取到更小的 w,避免参数的过度增长;λ 越小,则意味着对 w 的约束减小,直至 λ 趋近于零,那么岭回归就退化为普通的最小二乘法。这里的 λ 也被称为岭系数,显然,岭回归的性能在很大程度上决定于岭系数的选择。

在 sklearn 库中提供了 RidgeCV 类,可以对岭系数进行自动化网格搜索,以得到最合适的岭系数。

2. Lasso 回归

在 Lasso 回归中引入的是 L1 范数惩罚项,其中 λ 为非负数:

$$\lambda |w| \tag{7.17}$$

那么新的损失函数为

$$L = \sum_{i=1}^{n} \|\tilde{y} - y_i\|^2 + \lambda |w| \tag{7.18}$$

引入 L1 范数作为惩罚项,在特征维度较高时时,会很容易使得部分维度特征权重为 0,因此产生稀疏的结果。通过这种形式,可将部分对结果影响不显著的特征对应的系数压缩到 0,达到降维的目的。岭回归虽然也是对系数的压缩,但不会将系数压缩到零,模型的复杂度不会发生改变。

在 sklearn 库中同样提供了 LassoCV 类,可以对 Lasso 回归中的 λ 进行自动化网格搜索,以得到最合适的 λ。

3. ElasticNet 回归

岭回归和 Lasso 回归各有优劣,前者提供了更强的正则化能力,而后者能够对特征进行降维,从而获得一个更简化的模型。ElasticNet 回归方法同时引入 L2 范数和 L1 范数作为惩罚项,这使得 ElasticNet 回归所得到的模型能够像单纯的 Lasso 回归一样稀疏,同时又具有与岭回归一样的正则化能力。

ElasticNet 的损失函数为

$$L = \frac{1}{2n}\sum_{i=1}^{n} \|\tilde{y} - y_i\|^2 + \alpha\beta |w| + \frac{\alpha(1-\beta)}{2} \|w\|_2^2 \tag{7.19}$$

在 ElasticNet 中,L1 范数和 L2 范数的系统显然是相关的,在 sklearn 库中也提供了 ElasticNetCV 类,可以对 ElasticNet 回归中的 α 和 β 进行自动化网格搜索,以得到最合适的系数。

7.2.2 随机抽样一致算法

以上对损失函数优化的算法都是通过引入对 w 的约束来降低异常数据对线性模型的影

响，但其核心基础还是最小二乘法，所以还是不可避免地会受到异常数据的影响。

随机抽样一致(RANSAC)算法提供了一个不一样的思路来解决异常数据问题：将数据集划分为有效数据和异常数据。

随机抽样一致算法在执行过程中会反复随机抽选数据集中的一部分作为有效数据，然后进行如下验证。

(1) 指定一个模型拟合有效数据。

(2) 用(1) 中得到的模型去测试其他数据，如果某个数据适用于估计的模型，则认为它也是有效数据。

(3) 如果有足够多的点被归类为有效数据，那么估计的模型就足够合理。

(4) 用所有得到的有效数据重新拟合模型。

(5) 对新模型进行评估。

随机抽样一致算法会不停迭代这一过程，直至达到预期目标或最大迭代次数。

我们给 7.1.4 节中的数据增加一组异常数据，增加了异常数据的回归数据集如图 7.2 所示。

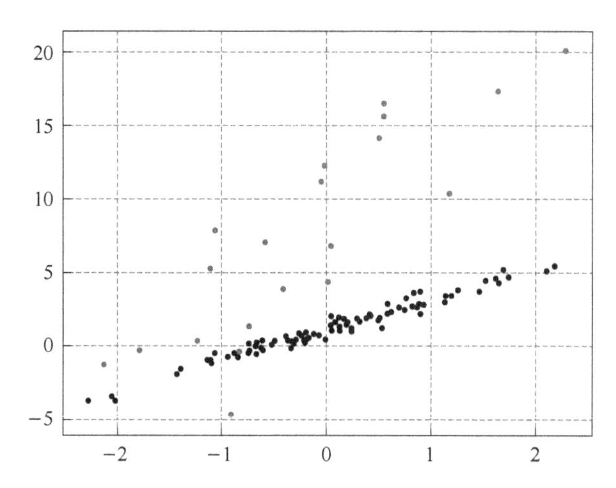

图 7.2　增加了异常数据的回归数据集

然后分别使用简单线性回归和 RANSAC 回归来进行学习。

```
#导入简单线性回归
from sklearn.linear_model import LinearRegression

#定义线性回归模型
lr = LinearRegression(normalize = True)

#拟合模型
lr.fit(X,Y)

#输出拟合出的斜率和截距
print("intercept:",lr.intercept_,"coef:",lr.coef_)
```

得到的结果为

```
intercept: 2.1872244321636636 coef: [2.51452013]
```

原线性方程为 $y=2x+1$，显然拟合结果已经受到异常数据较大的影响。

接下来采用 RANSAC 方法进行回归。

```
# 导入 RANSACRegressor
from sklearn.linear_model import RANSACRegressor

#在随机抽样过程中使用简单线性模型进行拟合
rs = RANSACRegressor(lr)
rs.fit(X,Y)
#输出斜率与截距
print("intercept:",rs.estimator_.intercept_," coef:",rs.estimator_.coef_)
```

得到的结果为

```
intercept: 1.0776936000642738 coef: [2.0304397]
```

显然随机抽样一致算法在面对异常数据时有着更好的健壮性。随机抽样一致算法只是一种迭代思路，它可以与各种其他模型进行结合使用，如岭回归、Lasso 回归等。只需要在创建 RANSACRegressor 时指定相应的回归模型就可以了。

7.2.3 多项式回归

在解决实际问题时，更多的问题可能是非线性的，如果用前面提到的方法，可能很难得到一个理想的结果。多项式回归是一个用线性模型解决非线性模型的例子。

考虑如下方程：

$$y=w_0+w_1x+w_2x^2 \tag{7.20}$$

显然这个方程对应着一条二次曲线，是一个非线性模型。然而如果我们换个角度理解这个方程，将 x 和 x^2 看作是两个特征，那么这样看的话，这又是一个二元线性回归问题。

所以多项式回归的关键在于通过现有特征衍生出一些新的高阶特征，从而增加模型的复杂度，使之能够拟合数据的非线性变化，不过需要注意的是模型复杂度的提升同时会带来过拟合的风险。

根据 Weierstrass 定理：若 $f(x)$是闭区间$[a,b]$上的连续函数，则存在一系列多项式 $\mathrm{Pn}(x)$，使 $\mathrm{Pn}(x)$在$[a,b]$上一致收敛到 $f(x)$。也就是说，我们可以用多项式去逼近任意一个闭区间上的连续函数，所以多项式回归的应用是非常广泛的。

下面我们生成一个符合正弦函数曲线分布的数据集来测试多项式回归。

```
#导入相关模块
import numpy as np
import matplotlib.pyplot as plt
import math
```

```
#在-6到6范围内随机生成200个数据
X = np.random.uniform(-6, 6, size=200)

#根据数据计算sin值并增加随机扰动
Y=[math.sin(x)+np.random.normal(0, 0.05) for x in X]

#绘制散点图
plt.scatter(X, Y,s=8)
#绘制网格线
plt.grid(ls='--')
plt.show()
```

可得到图7.3所示的数据集。

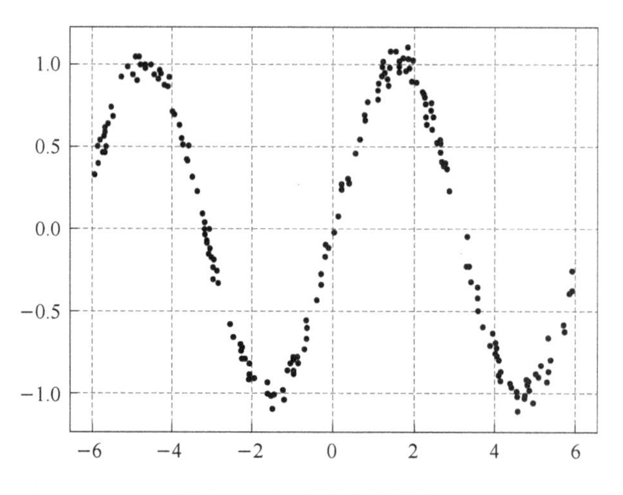

图7.3 sin分布的数据集

我们先尝试用简单线性模型去拟合生成的数据。

```
from sklearn.linear_model import LinearRegression
lr=LinearRegression(normalize=True)
lr.fit(X,Y)
print(lr.score(X,Y))
```

得到的结果只有0.1,这显然是一个非常糟糕的成绩。接下来我们尝试用多项式回归来解决这个问题。

```
#导入PolynomialFeatures
from sklearn.preprocessing import PolynomialFeatures

#定义一个5阶多项式特征
poly = PolynomialFeatures(degree=5)

#将原特征转化为5阶多项式特征
```

```
poly_X = poly.fit_transform(X)

#使用新的多项式特征进行拟合
lr.fit(poly_X,Y)

#输出结果
print(lr.score(poly_X,Y))
```

多项式回归最终结果为0.939 9，这显著优于简单线性回归。查看一下多项式转换将特征从1维提升到了多少维。

```
print(poly_X.shape)
```

结果为(200, 6)，显然是将原特征转为了6维特征。多项式的阶数由degree参数控制，

7.3 实际应用

本例使用sklearn库中自带的波士顿房价数据集来训练模型，该数据集是一个回归数据集。

7.3.1 数据说明

波士顿房价数据集共含506条数据，每条数据包含一个13维的特征向量和1个输出变量。

特征向量各维说明如下。

CRIM：城镇人均犯罪率。

ZN：超过25 000平方英尺的住宅区域占比。

INDUS：城镇非零售商用土地的比例。

CHAS：是否靠近河边。

NOX：一氧化氮浓度。

RM：住宅平均房间数。

AGE：1940年之前建成的自用房屋比例。

DIS：到波士顿5个中心区域的加权距离。

RAD：距离高速的接近指数。

TAX：每10 000美元的财产税率。

PTRATIO：城镇师生比例。

B：城镇中黑人的比例。

LSTAT：人口中地位较低者的比例。

输出变量为MEDV(平均房价)，以千美元计。

7.3.2 数据导入与划分

首先导入数据集。

```
from sklearn.datasets import load_boston

boston = load_boston()
X = boston.data
Y = boston.target
print(X.shape)
```

输出结果为(506,13),与我们前面的数据介绍相吻合。

接下来我们将数据集划分为训练数据集和测试数据集,其中测试数据集占总样本数的 20%。

```
from sklearn.model_selection import train_test_split

#数据集划分
X_train,X_test,Y_train,Y_test = train_test_split(X,Y,test_size = 0.2)
```

7.3.3 简单线性模型

首先训练简单线性模型来拟合数据。

```
from sklearn.linear_model import LinearRegression

lr = LinearRegression(normalize = True)
lr.fit(X_train,Y_train)

train_score = lr.score(X_train,Y_train)
test_score = lr.score(X_test,Y_test)
print("训练数据集准确性得分:",train_score," 测试数据集准确性得分:",test_
score)
```

运行结果如下:

```
训练数据集准确性得分:0.7490266532588081
测试数据集准确性得分:0.6997720348212269
```

这在我们意料之中,模型拟合效果欠佳,因为房价问题显然不太可能是一个简单的线性问题,所以我们需要一个复杂度高的模型——多项式回归。

7.3.4 多项式回归

首先将原始特征转化为高阶多项式特征。

```
from sklearn.preprocessing import PolynomialFeatures

#将原始特征转换为二阶多项式特征
poly = PolynomialFeatures(degree = 2)
poly_X = poly.fit_transform(X)

#数据集划分
X_train,X_test,Y_train,Y_test = train_test_split(poly_X,Y,test_size = 0.2, ran-
dom_state = 1)
```

基于转换后的二阶多项式特征训练简单线性模型。

```
from sklearn.linear_model import LinearRegression

lr = LinearRegression()
lr.fit(X_train,Y_train)
train_score = lr.score(X_train,Y_train)
test_score = lr.score(X_test,Y_test)
print("训练数据集准确性得分:",train_score," 测试数据集准确性得分:",test_score)
```

运行结果如下：

```
训练数据集准确性得分：0.9087361438749939
测试数据集准确性得分：0.893815966332044
```

无论是在训练数据集上还是测试数据集上，得分都有了显著的提升，说明多项式回归能够较好地对数据集进行拟合，但是否还有办法进一步提升拟合的效果？

我们输出多项式特征的维度：

```
print(poly_X.shape)
```

结果如下：

```
(506, 105)
```

数据维度从 13 维提升到了 105 维，模型复杂度大幅提升，但是这也可能降低模型的泛化能力。前面我们提到 Lasso 回归通过引入 L1 范数惩罚项来获得一个稀疏性结果，从而实现降维，因此可考虑将多项式特征与 Lasso 回归结合使用。

```
from sklearn.linear_model import Lasso

ls = Lasso ()
ls.fit(X_train,Y_train)
train_score = ls.score(X_train,Y_train)
test_score = ls.score(X_test,Y_test)
print("训练数据集准确性得分:",train_score," 测试数据集准确性得分:",test_
score)
```

结果如下：

```
训练数据集准确性得分：0.8994144103716057
测试数据集准确性得分：0.9199496195697123
```

在该模型下，我们事实上是通过多项式特征转换进行无目的的升维，然后通过 Lasso 回归进行有针对性的降维，从而提升模型效果。模型在训练数据集上的准确性得分略有下降，但在测试数据集上的得分进一步提升。

7.4 本章小结

本章介绍了机器学习中的线性回归算法，它是利用数理统计中的线性回归方程，来确定两种或两种以上变量间相互依赖定量关系的一种统计分析方法。我们在简单线性回归基础上，进一步了解了线性回归算法的各种优化形式及其原理。

第8章　神经网络

人工神经网络(Artificial Neural Networks,ANN)可以简称为神经网络,它模仿人脑的中枢神经系统,是人工智能期待实现的算法模型。神经网络在人工智能领域中具有举足轻重的地位。

8.1　神经网络的概念

神经网络有两种:生物神经网络和人工神经网络。

生物神经网络是指由生物的大脑神经元、细胞、触点等组成的网络,用于产生生物的意识,帮助生物进行思考和行动。神经元可以有多个树突,但只有一个轴突,树突用来接收刺激信号。轴突尾部有很多轴突末梢,这些轴突末梢与其他神经元的树突连接。如果信号将神经元激活,那么该神经元会利用轴突将信号传递给其他神经元,从而构成生物神经网络。生物神经元的结构如图8.1所示。

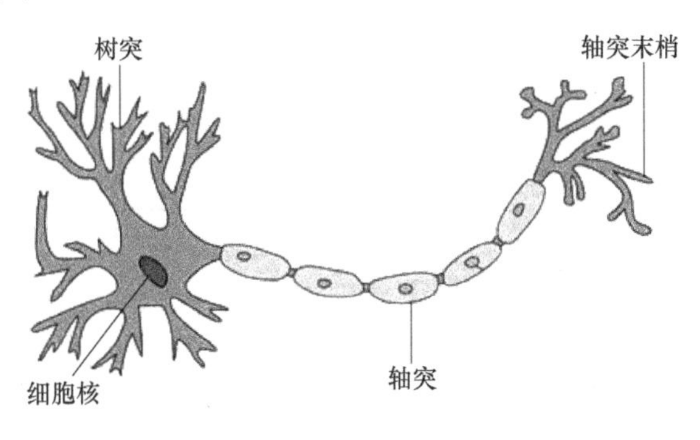

图8.1　生物神经元的结构

神经网络的发展是非常曲折的,经历了数次大起大落,从单层神经网络(感知器)开始,到包含一个隐藏层的两层神经网络,再到多层的深度神经网络,一共有三次兴起过程。下面按照神经网络的发展史为大家详细介绍。

8.2　M-P神经元模型

1943年,美国心理学家麦卡洛克(McCulloch W. S.)和数学家皮特斯(Pitts W.)仿照生物神经元的结构，构造出了抽象的 M-P 神经元(Neuron)模型，开启了人工神经网络研究的时代。该模型包含输入、输出和计算功能。输入对应神经元的树突，输出对应神经元的轴突，计算功能对应神经元的细胞核。

图 8.2 是一个包含 3 个输入、1 个输出和计算功能的 M-P 神经元模型。

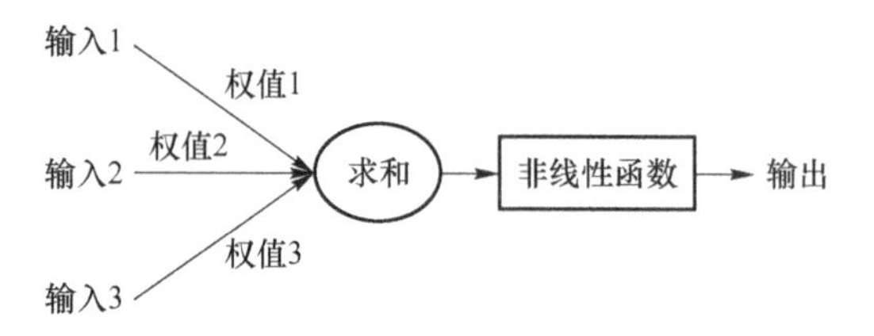

图 8.2　M-P 神经元模型

图 8.3 是神经元符号化的计算过程，其中，x_i 表示输入，w_i 表示每个输入对应的权重。在 M-P 模型中，权重的值都是提前已知的，因此不能学习。最后的输出为 $y=f\left(\sum_{i=1}^{n} x_i w_i\right)$，其中，$f()$是激活函数(Activation Function)。理想的激活函数是阶跃函数，如图 8.4 所示。

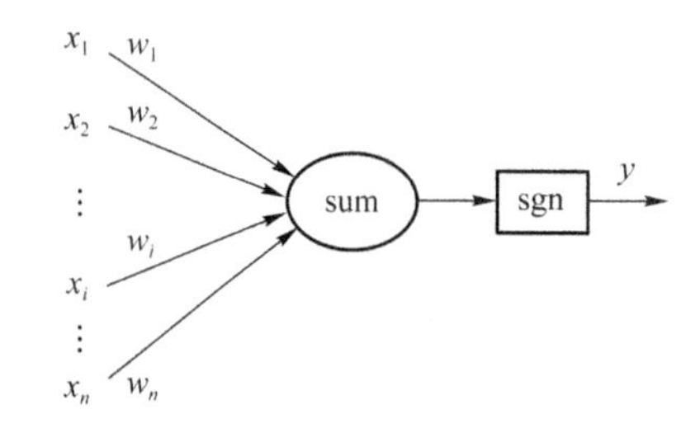

图 8.3　神经元计算

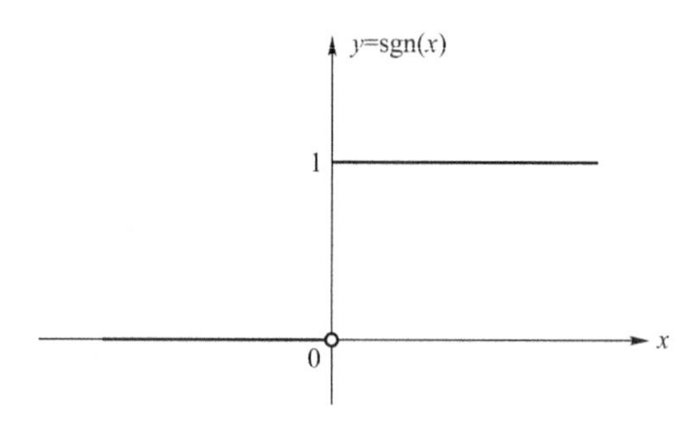

图 8.4　阶跃函数

当 x 大于或等于 0 时，$y=1$，此时是神经元被激活的状态。当 x 小于 0 时，$y=0$。

常用的激活函数有 Sigmoid 函数、Tanh 函数、ReLU 函数等。

Sigmoid 函数的公式为

$$y=f(x)=\frac{1}{1+\mathrm{e}^{-x}} \tag{8.1}$$

Sigmoid 函数图像如图 8.5 所示。

Tanh 函数的公式为

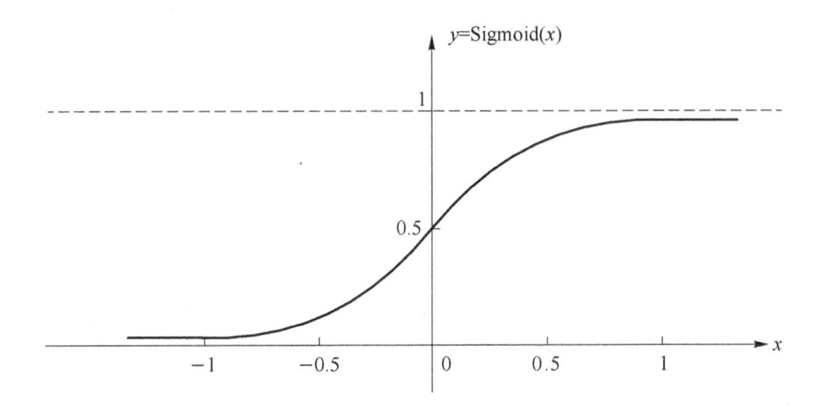

图 8.5　Sigmoid 函数图像

$$y=f(x)=\frac{e^{x}-e^{-x}}{e^{x}+e^{-x}} \tag{8.2}$$

Tanh 函数图像如图 8.6 所示。

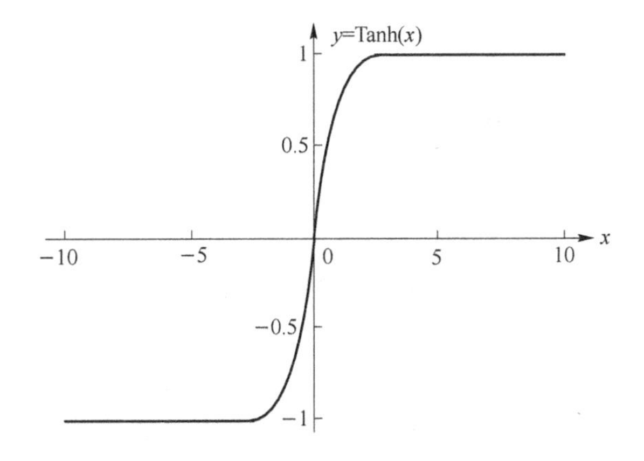

图 8.6　Tanh 函数图像

ReLU 函数的公式为

$$y=f(x)=\max(0,x) \tag{8.3}$$

ReLU 函数图像如图 8.7 所示。

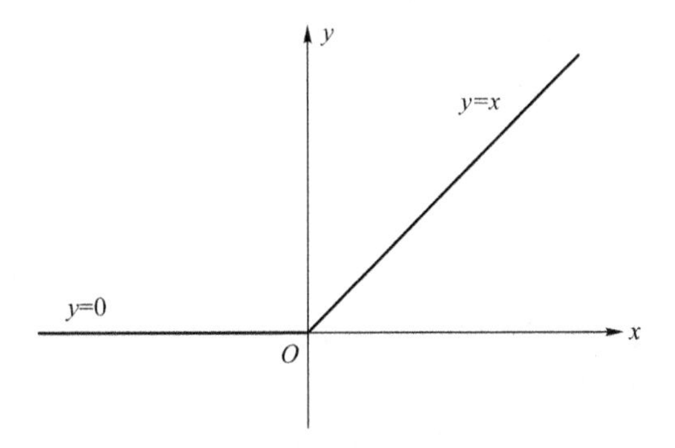

图 8.7　ReLU 函数图像

8.3 感 知 器

8.3.1 感知器简介

1958 年，计算科学家 Rosenblatt 在 M-P 模型的输入位置添加神经元节点，将两层神经元首尾相接，组成只有一个计算层的单层神经网络，称为感知器(Perception)。

感知器的神经网络分为输入层和输出层。其中，输入层可以有多个神经元，负责特征的输入，每个神经元表示一个特征，输出层只有一个神经元，用于计算最终的结果，如图 8.8 所示。

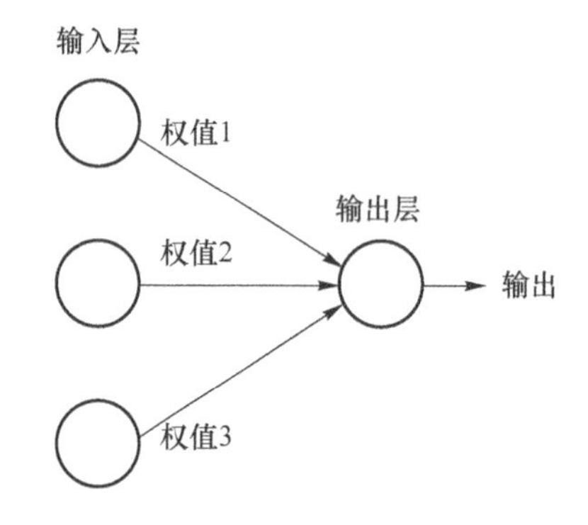

图 8.8 感知器模型

感知器的激活函数公式为

$$y=f(x)=\text{sign}(\boldsymbol{w}\cdot\boldsymbol{x}+b) \tag{8.4}$$

其中，$\boldsymbol{x}$ 是输入的特征向量，$\boldsymbol{w}$ 是特征向量对应的权重向量，b 是阈值。sign 是符号函数。当自变量 $\boldsymbol{w}\cdot\boldsymbol{x}+b\geqslant 0$ 时，$\text{sign}(\boldsymbol{w}\cdot\boldsymbol{x}+b)=1$；当自变量 $\boldsymbol{w}\cdot\boldsymbol{x}+b<0$ 时，$\text{sign}(\boldsymbol{w}\cdot\boldsymbol{x}+b)=-1$。

8.3.2 感知器学习策略

感知器是二分类的线性分类模型，要保证存在一个超平面可将样本按照类别区分开。我们假定超平面的方程为 $\boldsymbol{w}\cdot\boldsymbol{x}+b=0$，令 $f(x)=\boldsymbol{w}\cdot\boldsymbol{x}+b$，超平面上的点都满足 $f(x)=0$，超平面一侧的点满足 $f(x)>0$，另一侧的点满足 $f(x)<0$。

空间中的任意一点 x 到超平面 S 的距离为 $\frac{1}{\|\boldsymbol{w}\|}|\boldsymbol{w}\cdot\boldsymbol{x}+b|$，其中，$\|\boldsymbol{w}\|$ 是 $\boldsymbol{w}$ 的 L2 范数。L2 范数：对向量各元素的平方和求平方根。

感知器的学习策略就是利用随机梯度下降(Stochastic Gradient Descent，SGD)法，极小化误分类样本的损失函数，找出能正确划分样本的超平面。

损失函数的定义为所有误分类样本到所求平面的总距离。

对于任意一个误分的点$(\boldsymbol{x}_i,y_i)$，$\boldsymbol{x}_i=(x_{i1},x_{i2},\cdots,x_{id})$是 d 维样本空间中的一个向量。当 $\boldsymbol{w}\cdot\boldsymbol{x}_i+b>0$ 时，$y_i=-1$，当 $\boldsymbol{w}\cdot\boldsymbol{x}_i+b<0$ 时，$y_i=1$。此时，$-y_i(\boldsymbol{w}\cdot\boldsymbol{x}_i+b)\geqslant 0$ 肯定成立。

所以每个误分类点到平面 S 的距离为 $-\frac{1}{\|\boldsymbol{w}\|}y_i(\boldsymbol{w}\cdot\boldsymbol{x}_i+b)$。

所有误分类点到平面 S 的总距离为 $-\frac{1}{\|\boldsymbol{w}\|}\sum_{\boldsymbol{x}_i \in M} y_i(\boldsymbol{w} \cdot \boldsymbol{x}_i + b)$，其中，$M$ 是所有被误分的样本集合。

为了简化运算，不考虑 $\frac{1}{\|\boldsymbol{w}\|}$，则得到感知器的损失函数为

$$L(\boldsymbol{w},b) = -\sum_{\boldsymbol{x}_i \in M} y_i(\boldsymbol{w} \cdot \boldsymbol{x}_i + b) \tag{8.5}$$

损失函数为最小值时，$\boldsymbol{w}$ 和 b 的值即为所求。

$$\min_{\boldsymbol{w},b} L(\boldsymbol{w},b) = -\sum_{\boldsymbol{x}_i \in M} y_i(\boldsymbol{w} \cdot \boldsymbol{x}_i + b) \tag{8.6}$$

8.3.3 原始形式

损失函数的梯度为

$$\nabla_{\boldsymbol{w}} L(\boldsymbol{w},b) = -\sum_{\boldsymbol{x}_i \in M} y_i \boldsymbol{x}_i \tag{8.7}$$

$$\nabla_b L(\boldsymbol{w},b) = -\sum_{\boldsymbol{x}_i \in M} \boldsymbol{y}_i \tag{8.8}$$

梯度给出的是损失函数增长的方向。梯度下降法的计算过程是让参数向着梯度的反方向前进一段距离，不断重复，直到梯度接近零时停止。此时的参数使损失函数取得最小值，为了避免局部最优，可以采用随机梯度下降。在极小化损失函数值的过程中，只有误分类的样本才参与损失函数的优化。

梯度下降算法：使用全部训练样本的输出误差来调整权值。

随机梯度下降算法：使用单个训练样本的输出误差来调整权值。

小批量梯度下降算法：使用少量训练样本的输出误差来调整权值。

随机选取一个误分类样本$(\boldsymbol{x}_i, y_i)$后，对 $\boldsymbol{w}$ 和 b 进行更新，公式为

$$\boldsymbol{w} = \boldsymbol{w} + \eta y_i \boldsymbol{x}_i \tag{8.9}$$

$$b = b + \eta y_i \tag{8.10}$$

其中，$\eta \in (0,1]$是学习率。

训练的具体步骤如下。

(1) 任意选取 w_0 和 b_0，构成平面 S_0，对所有样本点进行分类。

(2) 随机选取一个被误分的样本$(\boldsymbol{x}_i, y_i)$。

误分条件：

$$-y_i(\boldsymbol{w} \cdot \boldsymbol{x}_i + b) \geqslant 0 \tag{8.11}$$

(3) 采用梯度下降算法对 $\boldsymbol{w}$ 和 b 进行更新，$\boldsymbol{w} = \boldsymbol{w} + \eta y_i \boldsymbol{x}_i$，$b = b + \eta y_i$。

(4) 使用更新后的 $\boldsymbol{w}$ 和 b 构成新平面，再次对所有样本点进行分类。如果完全分类成功，则训练结束；如果还有被误分的样本，则跳转到第 2 步。

这种学习算法的思想为：当存在被误分的样本时，就调整分离超平面的位置，使其向被误分的样本一侧移动，直至所有样本被分类正确。

8.3.4 原始形式的实际应用

下面我们通过程序实现感知器的原始形式算法，完成对数据的分类。为了可以直观地查

看分类结果，程序中选用的是二维坐标系下的数据，并且要保证这些数据是线性可分的。

代码如下：

```
import numpy as np
import matplotlib.pyplot as plt

#样本特征
x = np.array([[1, 1],
              [1, 2],
              [1, 3],
              [4, 0.5],
              [2, 1],
              [2, 1.5],
              [2, 3.5],
              [2.5, 0.5],
              [3, 1],
              [3, 3],
              [4, 2],
              [4, 3],
              [5, 2]])
#样本标签
y = np.array([1, 1, -1, 1, 1, 1, -1, 1, 1, -1, -1, -1, -1])

#画出所有样本点
plt.grid()

for i in range(len(x)):
    if (y[i] == 1):
        # plt.scatter 函数常用参数：横纵坐标，颜色，图形，大小
        #正例用红色圆圈表示
        plt.scatter(x[i, 0], x[i, 1], c='r', marker='o', s=100)
    else:
        #反例用绿色星号表示
        plt.scatter(x[i, 0], x[i, 1], c='g', marker='*', s=150)

#初始化超平面：b + w0x1 + w1x2 = 0 的参数为 0
w = np.array([0, 0])
b = 0
#学习率
rate = 0.5
```

```
flag = True
while flag:
    flag = False

    # 生成 0 到 len(x)个数
    index = np.arange(len(x))
    # 随机打乱 index 数组
    np.random.shuffle(index)

    # 将 x 以 index 索引重新组合
    randx = x[index]
    # 将 y 以 index 索引重新组合
    randy = y[index]

    # 将打乱后的数据逐个取出
    for i in range(len(x)):
        # 样本特征
        xi = randx[i]
        # 样本标签
        yi = randy[i]

        # dot 函数:返回两个数组的点积
        if yi * (w.dot(xi) + b) <= 0:
            w = w + rate * yi * xi
            b = b + rate * yi
            # 存在错分的点
            flag = True

        # 使用新的平面,重新测试样本点
        if flag == True:
            break

# 直线方程为 b + w0x1 + w1x2 = 0
# 根据横坐标的最大值和最小值,计算划出直线的横坐标范围
maxX = np.max(x[:, 0]) + 1
minX = np.min(x[:, 0]) - 1

# 按照求得的直线方程 b + w0x1 + w1x2 = 0
# 计算对应的纵坐标 x2 = - (b + w0x1)/w1
maxY = -(b + w[0] * maxX) / w[1]
```

```
    minY = -(b + w[0] * minX) / w[1]


    plt.plot([minX, maxX], [minY, maxY])
    plt.show()
```

感知器原始形式程序的运行结果如图 8.9 所示。

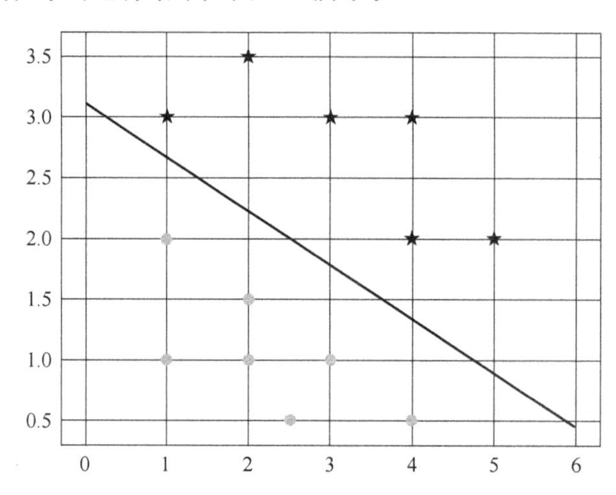

图 8.9　感知器原始形式程序的运行结果

从结果可以看出,感知器的原始形式算法将样本完全正确地分成了两部分。每次运行时,由于随机选取的错分样本不同,会生成不同的超平面,这些超平面都能正确地对样本进行分类。

8.3.5 对偶形式

在前面讲的原始算法中,每次更新时,$\boldsymbol{w}$ 加上了某一个误分类点的学习率 η、输出特征 y_i 和输入特征 $\boldsymbol{x}_i$ 的乘积,即 $\eta y_i \boldsymbol{x}_i$,而 b 加上了某一个误分类点的学习率 η 和输出特征 y_i 的乘积,即 ηy_i。那么我们可以认为,$\boldsymbol{w}$ 和 b 最终由初始 w_0 和 b_0 加上增量的总和组成。

$\boldsymbol{w}$ 和 b 可以表示成 x_i 和 y_i 的线性组合,如下所示:

$$\boldsymbol{w} = w_0 + \sum_{i=1}^{n} n_i \eta y_i \boldsymbol{x}_i \tag{8.12}$$

$$b = b_0 + \sum_{i=1}^{n} n_i \eta y_i \tag{8.13}$$

其中,n_i 为迭代过程中第 i 个样本被误分的次数。

最初的 w_0 和 b_0 是随机选取的,为简单起见,令 w_0 和 b_0 等于 0。现在令 $\alpha_i = n_i \eta$。得到公式:

$$\boldsymbol{w} = \sum_{i=1}^{n} \alpha_i y_i \boldsymbol{x}_i \tag{8.14}$$

$$b = \sum_{i=1}^{n} \alpha_i y_i \tag{8.15}$$

此时的感知器模型为

$$y = f(x) = \text{sign}\left(\sum_{i=1}^{n} \alpha_i y_i \boldsymbol{x}_i \cdot \boldsymbol{x} + b\right) \tag{8.16}$$

其中，$b = \sum_{i=1}^{n} \alpha_i y_i$，$\alpha_i = n_i \eta$，$n_i$ 为迭代过程中第 i 个样本被误分的次数，$\eta \in (0,1]$是学习率。

训练的具体步骤如下。

(1) 初始化 $\alpha = (\alpha_1, \alpha_2, \cdots, \alpha_n)$，$b=0$，其中，$\alpha_i = 0$，$i = 1, 2, \cdots, n$。

(2) 随机选取一个被误分的样本(x_j, y_j)。

误分条件：

$$-y_j\left(\sum_{i=1}^{n} \alpha_i y_i \boldsymbol{x}_i \cdot \boldsymbol{x}_j + b\right) \geqslant 0 \tag{8.17}$$

(3) 更新 α_j 和 b，使 $\alpha_j = \alpha_j + \eta$，$b = b + \eta y_j$。

(4) 使用新平面，再次对所有样本点进行分类。如果完全分类成功，则训练结束；如果还有被误分的样本，则跳转到第 2 步。

在对偶形式中，训练样本仅以内积 $\boldsymbol{x}_i \cdot \boldsymbol{x}_j$ 的形式出现，为了减少计算量，可以预先将训练样本间的内积计算出来，以矩阵的形式存储，即 Gram 矩阵为 $\boldsymbol{G} = (\boldsymbol{x}_i \cdot \boldsymbol{x}_j)_{N \times N}$。

8.3.6 对偶形式的实际应用

下面我们采用对偶形式实现前面原始形式中的数据分类。

代码如下：

```
import numpy as np
import matplotlib.pyplot as plt

#样本特征
x = np.array([[1, 1],
              [1, 2],
              [1, 3],
              [4, 0.5],
              [2, 1],
              [2, 1.5],
              [2, 3.5],
              [2.5, 0.5],
              [3, 1],
              [3, 3],
              [4, 2],
              [4, 3],
              [5, 2]])
#样本标签
y = np.array([1, 1, -1, 1, 1, 1, -1, 1, 1, -1, -1, -1, -1])
```

```
#画出所有样本点
plt.grid()

for i in range(len(x)):
    if (y[i] == 1):
        # plt.scatter 函数常用参数:横纵坐标,颜色,图形,大小
        #正例用红色圆圈表示
        plt.scatter(x[i, 0], x[i, 1], c='r', marker='o', s=100)
    else:
        #反例用绿色星号表示
        plt.scatter(x[i, 0], x[i, 1], c='g', marker='*', s=150)

#读取数据集中含有的样本数,特征向量数
n_samples, n_features = x.shape

alpha = [0] * n_samples
b = 0
#学习率
rate = 0.5

#初始化超平面:b + w0x1 + w1x2 = 0 的参数为 0
w = np.zeros(n_features)

#计算 Gram 矩阵
gram = np.dot(x, x.T)

flag = True
while flag:
    flag = False

    #生成 0 到 len(x)个数
    index = np.arange(len(x))
    #随机打乱 index 数组
    np.random.shuffle(index)
    #将 x 以 index 索引重新组合
    randx = x[index]

    #将 y 以 index 索引重新组合
    randy = y[index]
```

```
        #将打乱后的数据逐个取出
        for j in range(n_samples):
            #样本特征
            xj = randx[j]
            #样本标签
            yj = randy[j]
            #随机后第 j 个样本,在原样本的位置
            randj = index[j]

            if y[randj] * (np.dot(alpha * y, gram[randj]) + b) <= 0:
                alpha[randj] += rate
                b += rate * yj

                #存在错分的点
                flag = True

            #使用新的平面,重新测试样本点
            if flag == True:
                break

    #计算 w 的线性组合
    for j in range(n_samples):
        w += alpha[j] * x[j] * y[j]

    #直线方程为 b + w0x1 + w1x2 = 0
    #根据横坐标的最大值和最小值,计算划出直线的横坐标范围
    maxX = np.max(x[:, 0]) + 1
    minX = np.min(x[:, 0]) - 1

    #按照求得的直线方程 b + w0x1 + w1x2 = 0
    #计算对应的纵坐标 x2 = - (b + w0x1)/w1
    maxY = -(b + w[0] * maxX) / w[1]
    minY = -(b + w[0] * minX) / w[1]

    plt.plot([minX, maxX], [minY, maxY])
    plt.show()
```

感知器对偶形式程序的运行结果如图 8.10 所示。

从结果可以看出,感知器对偶形式算法也将数据完全正确地分成了两部分。

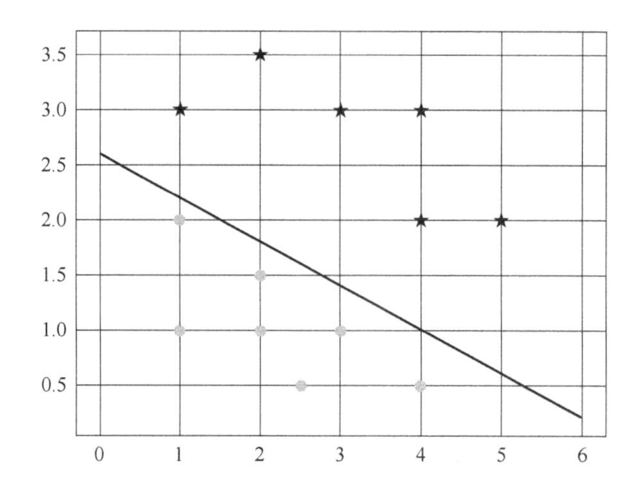

图 8.10　感知器对偶形式程序的运行结果

8.3.7 感知器总结

总体来说，感知器的原始形式与对偶形式并无太大区别。

当样本特征维数高时，计算内积消耗时间太多，建议选择对偶形式。当样本个数过多时，每次计算累计和没有必要，建议选择原始形式。

感知器算法简单，容易实现，虽然它现在已经不是一个在实践中广泛使用的算法，但它是首个可以学习的人工神经网络，引发了神经网络研究的第一次兴起，意义重大。同时，其所涉及的学习方法、损失函数求解以及优化方法是机器学习的核心思想，也是很多算法的基石，如支持向量机算法等。

8.4 反向传播神经网络

1969 年，权威学者 Marvin Minsky 等人在 *Perceptions* 中，仔细分析了感知器的功能及局限，用数学公式证明了只有单层网络的感知器不能对简单的异或（XOR）逻辑进行分类。Minsky 还指出，要想解决异或可分问题，需要把单层神经网络增加到两层或多层。但当时的电子技术工艺水平比较落后，计算机的运算能力差，不能实现多层神经网络的计算。人工神经网络的研究开始进入低潮。

1986 年，Hinton 等人将重新改进的反向传播（Back Propagation，BP）算法引入多层感知器，系统解决了简单感知器不能解决的异或问题和一些其他问题，这使得神经网络重新成为热点，引发了神经网络研究的第二次兴起。

8.4.1 前向传播

神经网络的训练过程实际上就是寻找合适的权重和阈值，使得整个网络的预测效果最好。BP 神经网络是一种按照误差逆向传播算法训练的多层前馈神经网络，包括信号的前向传播和误差的反向传播两个过程。

在第一个过程中，信号从输入层经过隐含层，最后到达输出层，得到输出结果，计算与真实值的误差；在第二个过程中，误差从输出层到隐含层，最后到输入层，依次调节隐含层到输出层和输入层到隐含层的权重和阈值。在调节的过程中，以网络的输出值与实际值的均方误差为目标函数，采用梯度下降法求解目标函数的最小值。

只有一个隐含层的BP神经网络模型如图8.11所示。

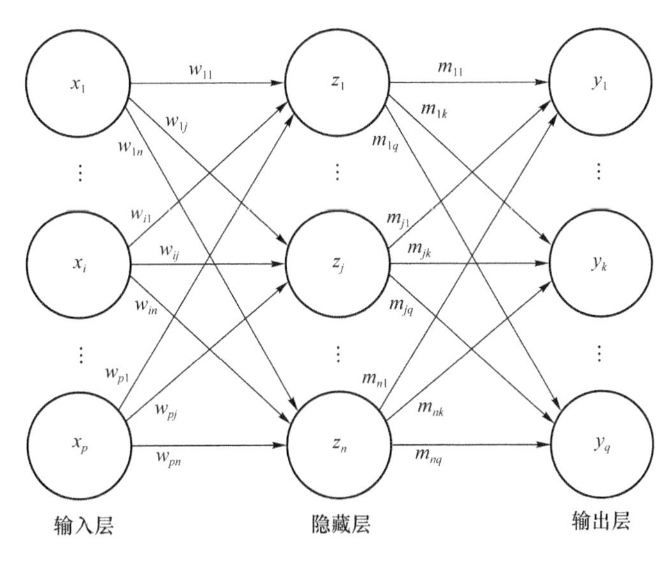

图8.11 BP神经网络模型

在图8.11中，输入层有p个神经元，隐含层有n个神经元，输出层有q个神经元。

输入层第i个神经元和隐藏层第j个神经元的连接权重为w_{ij}，隐藏层第j个神经元的阈值用b_j表示。

隐藏层第j个神经元和输出层第k个神经元的连接权重为m_{jk}，输出层第k个神经元的阈值用θ_k表示。

隐藏层第j层的输入公式为

$$\alpha_j = \sum_{i=1}^{p} w_{ij} x_i + b_j \tag{8.18}$$

输出层第k层的输入公式为

$$\beta_k = \sum_{j=1}^{n} m_{jk} z_j + \theta_k \tag{8.19}$$

对于训练样本$(\boldsymbol{x}_b, \boldsymbol{y}_b)$，其中$\boldsymbol{y}_b = (y_1^b, y_2^b, \cdots, y_q^b)$，神经网络的输出值为$\hat{\boldsymbol{y}}_b = (\hat{y}_1^b, \hat{y}_2^b, \cdots, \hat{y}_q^b)$，输出层第$k$个神经元的输出公式为

$$\hat{y}_k = f(\beta_k) \tag{8.20}$$

其中，$f()$表示激活函数。

此网络在训练样本$(\boldsymbol{x}_b, \boldsymbol{y}_b)$上的误差为

$$E_b = \frac{1}{2} \sum_{k=1}^{q} (\hat{y}_k^b - y_k^b)^2 \tag{8.21}$$

8.4.2 梯度下降与反向传播

BP 神经网络模型通过反向传播和梯度下降算法不断改变权重 w 和阈值 b，使误差函数值最小化。

下面我们以输出层的连接权重 m_{jk} 为例，进行推导。求样本$(\boldsymbol{x}_b, \boldsymbol{y}_b)$的误差 E_b 关于输出层权重 m_{jk} 的梯度$\frac{\partial E_b}{\partial m_{jk}}$。

由前面的公式可知，m_{jk} 先影响的是输出层第 k 个神经元的输入值 β_k，β_k 通过激活函数影响输出值$\hat{y}_k^b$，所以，

$$\frac{\partial E_b}{\partial m_{jk}} = \frac{\partial E_b}{\partial \hat{y}_k^b} \frac{\partial \hat{y}_k^b}{\partial \beta_k} \frac{\partial \beta_k}{\partial m_{jk}} \tag{8.22}$$

根据式(8.19)有

$$\frac{\partial \beta_k}{\partial m_{jk}} = z_j \tag{8.23}$$

下面求$\frac{\partial \hat{y}_k^b}{\partial \beta_k} = f'(\beta_k)$，假设 BP 神经网络选用式(8.1)的 Sigmoid 函数为激活函数。Sigmoid函数的导数计算为

$$\begin{aligned} f'(x) &= \frac{\partial\left(\frac{1}{1+\mathrm{e}^{-x}}\right)}{\partial x} = -\frac{-\mathrm{e}^{-x}}{(1+\mathrm{e}^{-x})^2} = \frac{1}{1+\mathrm{e}^{-x}} \frac{\mathrm{e}^{-x}}{1+\mathrm{e}^{-x}} \\ &= \frac{1}{1+\mathrm{e}^{-x}} \frac{1+\mathrm{e}^{-x}-1}{1+\mathrm{e}^{-x}} = \frac{1}{1+\mathrm{e}^{-x}}\left(1-\frac{1}{1+\mathrm{e}^{-x}}\right) \\ &= f(x)(1-f(x)) \end{aligned}$$

因此得到$\frac{\partial \hat{y}_k^b}{\partial \beta_k}$的值：

$$\frac{\partial \hat{y}^b{}_k}{\partial \beta_k} = f(\beta_k)(1-f(\beta_k)) = \hat{y}_k^b(1-\hat{y}_k^b) \tag{8.24}$$

下面求$\frac{\partial E_b}{\partial \hat{y}_k^b}$。

$$\begin{aligned} \frac{\partial E_b}{\partial \hat{y}_k^b} &= \frac{\partial\left[\frac{1}{2}\sum_{k=1}^{q}(\hat{y}_k^b - y_k^b)^2\right]}{\partial \hat{y}_k^b} = \frac{1}{2} \frac{\sum_{k=1}^{q}\partial[(\hat{y}_k^b - y_k^b)^2]}{\partial \hat{y}_k^b} \\ &= \frac{1}{2} \times 2(\hat{y}_k^b - y_k^b) \frac{\sum_{k=1}^{q}\partial(\hat{y}_k^b - y_k^b)}{\partial \hat{y}_k^b} = (\hat{y}_k^b - y_k^b) \end{aligned} \tag{8.25}$$

现在令

$$\delta_k^b = \frac{\partial E_b}{\partial \hat{y}_k^b}\frac{\partial \hat{y}_k^b}{\partial \beta_k} = (\hat{y}_k^b - y_k^b)\hat{y}_k^b(1-\hat{y}_k^b) \tag{8.26}$$

综上，由式(8.23)、式(8.24)和式(8.26)可以推出，对于单个样本的误差 E_b，输出层权重 m_{jk} 的梯度为

$$\frac{\partial E_b}{\partial m_{jk}}=\frac{\partial E_b}{\partial \hat{y}_k^b}\frac{\partial \hat{y}_k^b}{\partial \beta_k}\frac{\partial \beta_k}{\partial m_{jk}}=\delta_k^b z_j \tag{8.27}$$

m_{jk} 的调整式为

$$m_{jk} \leftarrow m_{jk}+\Delta m_{jk} \tag{8.28}$$

学习率用 η 表示，由于采用梯度下降算法，所以 m_{jk} 向梯度相反的方向调整。

$$\Delta m_{jk}=-\eta\frac{\partial E_b}{\partial m_{jk}}=-\eta\delta_k^b z_j \tag{8.29}$$

使用前面类似的过程，可得到 E_b 对于输出层第 k 个神经元阈值 θ_k 的偏导 $\frac{\partial E_b}{\partial \theta_k}=\delta_k^b$。

$$\Delta\theta_k=-\eta\delta_k^b \tag{8.30}$$

下面求 E_b 对于隐含层权重 w_{ij} 的偏导 $\frac{\partial E_b}{\partial w_{ij}}$。

$\frac{\partial E_b}{\partial w_{ij}}=\frac{\partial E_b}{\partial z_j}\frac{\partial z_j}{\partial \alpha_j}\frac{\partial \alpha_j}{\partial w_{ij}}$，首先计算 $\frac{\partial E_b}{\partial z_j}$，由于 z_j 的值作用于所有输出层的神经元，所以 $\frac{\partial E_b}{\partial z_j}=\sum_{k=1}^{q}\frac{\partial E_b}{\partial \beta_k}\frac{\partial \beta_k}{\partial z_j}=\sum_{k=1}^{q}\frac{\partial E_b}{\partial \hat{y}_k^b}\frac{\partial \hat{y}_k^b}{\partial \beta_k}\frac{\partial \beta_k}{\partial z_j}$，在式(8.26)中令 $\delta_k^b=\frac{\partial E_b}{\partial \hat{y}_k^b}\frac{\partial \hat{y}_k^b}{\partial \beta_k}$，并且由式(8.19)可知 $\frac{\partial \beta_k}{\partial z_j}=m_{jk}$，所以 $\frac{\partial E_b}{\partial z_j}=\sum_{k=1}^{q}\delta_k^b m_{jk}$。接下来通过 Sigmoid 激活函数的导数公式，计算 $\frac{\partial z_j}{\partial \alpha_j}=f'(\alpha_j)=f(\alpha_j)(1-f(\alpha_j))=z_j(1-z_j)$。最后，计算最后一项 $\frac{\partial \alpha_j}{\partial w_{ij}}$，由式(8.18)可知 $\frac{\partial \alpha_j}{\partial w_{ij}}=x_i$。

综上可求得

$$\frac{\partial E_b}{\partial w_{ij}}=\sum_{k=1}^{q}\delta_k^b m_{jk}\cdot z_j(1-z_j)\cdot x_i \tag{8.31}$$

现在令

$$\mathrm{e}_j^b=\frac{\partial E_b}{\partial z_j}\frac{\partial z_j}{\partial \alpha_j}=\sum_{k=1}^{q}\delta_k^b m_{jk}\cdot z_j(1-z_j) \tag{8.32}$$

则

$$\frac{\partial E_b}{\partial w_{ij}}=\mathrm{e}_j^b x_i \tag{8.33}$$

$$\Delta w_{ij}=-\eta\frac{\partial E_b}{\partial w_{ij}}=-\eta\mathrm{e}_j^b x_i \tag{8.34}$$

使用前面类似的过程，可得到 E_b 对于隐含层第 j 个神经元阈值 b_j 的偏导 $\frac{\partial E_b}{\partial b_j}=\mathrm{e}_j^b$。

$$\Delta b_j=-\eta\mathrm{e}_j^b \tag{8.35}$$

至此，BP 神经网络模型中所有参数的调整公式计算完毕。

8.4.3 训练过程

BP 神经网络算法训练的具体步骤如下。

(1) 初始化所有权重和阈值，可以用随机数，也可以自己指定。

(2) 随机选取一个样本 (x_b, y_b)。

(3) 计算每个隐含层神经元的输入和输出。

(4) 计算输出层神经元的输入和输出。

(5) 利用实际输出与期望输出的误差函数,计算偏导数。计算输出层神经元的调节权重和调节阈值。

(6) 计算隐含层神经元的调节权重和调节阈值。

(7) 更新所有权重和阈值。

(8) 如果达到终止条件,则结束,否则,跳转到第 2 步。

终止条件有很多种,如达到指定的训练次数,网络输出值与期望输出值的均方误差小于某个值,对样本的识别准确率满足需求,等等。使用最终的权重和阈值构成 BP 神经网络模型。

8.4.4 BP 神经网络算法的实际应用

下面我们通过程序实现 BP 神经网络算法,完成对前面例子中的数据分类。由于选用的是 Sigmoid 激活函数,结果在(0,1)之间,所以,将样本标签改为 0 或 1。

代码如下:

```
import numpy as np

# x 为输入层神经元个数,z 为隐藏层神经元个数,y 输出层神经元个数
def initParameter(x, z, y):
    # 输入层与隐藏层的连接权重
    w1 = np.zeros([x, z])
    # 隐藏层阈值
    t1 = np.zeros([1, z])
    # 隐藏层与输出层的连接权重
    w2 = np.zeros([z, y])
    # 输出层阈值
    t2 = np.zeros([1, y])

    return w1, t1, w2, t2

# 激活函数
def sigmoid(x):
    return 1 / (1 + np.exp(-x))

# sigmoid 函数的导数
def sigmoid_derivative(x):
    return sigmoid(x) * (1 - sigmoid(x))

'''
x:特征,y:标签,w1:输入层与隐藏层的连接权重,t1:隐藏层阈值,w2:隐藏层与输出层的连接权重,t2:输出层阈值
```

```
'''

def train(x, y, w1, t1, w2, t2):
    #学习率
    rate = 0.2
    #每个样本调整一次
    for i in range(len(x)):
        #样本特征
        xi = x[i]
        #样本标签
        yi = y[i]

        #隐藏层输入
        hideIn = np.dot(xi, w1) + t1
        #隐藏层输出
        hideOut = sigmoid(hideIn)
        #输出层输入
        outputIn = np.dot(hideOut, w2) + t2
        #输出层输出
        outputOut = sigmoid(outputIn)

        #公式里假设的变量
        flag1 = (outputOut - yi) * sigmoid_derivative(outputIn)
        #输出层的权重调节
        w2_change = -rate * flag1 * hideOut
        #输出层的阈值调节
        t2_change = -rate * flag1

        # #公式里假设的变量
        flag2 = np.dot(flag1, np.transpose(w2)) * sigmoid_derivative(hideIn)
        #隐藏层的权重调节
        w1_change = -rate * flag2 * xi
        #隐藏层的阈值调节
        t1_change = -rate * flag2

        #更新参数
        w2 += np.transpose(w2_change)  #调换行列的值
        t2 += t2_change

        w1 += w1_change
```

```
            t1 += t1_change

        return w1, t1, w2, t2

def test(x, y, w1, t1, w2, t2):
    #记录预测正确的个数
    correct = 0
    for i in range(len(x)):
        #计算每一个样例通过该神经网路后的预测值
        xi = x[i]

        hideOut = sigmoid(np.dot(xi, w1) + t1)
        outputOut = sigmoid(np.dot(hideOut, w2) + t2)

        #确定其预测标签
        if outputOut > 0.5:
            flag = 1
        else:
            flag = 0

        if y[i] == flag:
            correct += 1

        #输出预测结果
        print("预测为%d   实际为%d" % (flag, y[i]))
    #返回正确率
    return correct / len(x)

#样本特征
x = np.array([[1, 1],
              [1, 2],
              [1, 3],
              [4, 0.5],
              [2, 1],
              [2, 1.5],
              [2, 3.5],
              [2.5, 0.5],
              [3, 1],
              [3, 3],
              [4, 2],
```

```
            [4, 3],
            [5, 2]])
#样本标签
y = np.array([1, 1, 0, 1, 1, 1, 0, 1, 1, 0, 0, 0, 0])

num = len(x[0])
w1, t1, w2, t2 = initParameter(num, num, 1)

for i in range(100):
    w1, t1, w2, t2 = train(x, y, w1, t1, w2, t2)

rate = test(x, y, w1, t1, w2, t2)
#正确率:0.923077
print("正确率：%.1f%%" % (rate * 100))
```

在上面的例子中，为了检验BP神经网络算法的分类效果，程序中的训练样本与测试样本是一样的，运行结果如图8.12所示。

```
预测为1　实际为1
预测为1　实际为1
预测为1　实际为0
预测为1　实际为1
预测为1　实际为1
预测为1　实际为1
预测为0　实际为0
预测为1　实际为1
预测为1　实际为1
预测为0　实际为0
预测为0　实际为0
预测为0　实际为0
预测为0　实际为0
正确率：92.3%
```

图8.12　BP神经网络算法的分类结果

程序中的神经网络算法结构简单，只有一个隐藏层，且隐藏层只有两个节点，输出层只有一个节点。初始化所有参数为0，选用Sigmoid激活函数，在学习率为0.2的情况下，将所有样本训练了100次。从结果可以看出，只有一个样本分错了，分类效果比较理想。读者可以修改参数，查看分类效果。例如，将输出层节点数设置为2，对应的两种类别输出为(1,0)、(0,1)，这种编码方式被称为“one-hot编码”。

8.4.5　BP神经网络算法总结

影响BP神经网络算法性能的参数主要有隐含层神经元个数、每层的节点数、误差函数和激活函数的选择以及学习率的值等。下面对这些参数设置进行简单的经验总结。

隐含层神经元的个数设置没有标准的公式，只能通过测试结果和经验进行调整。若隐含层神经元个数过多，则会加大计算量，并容易产生过度拟合问题；若隐含层神经元个数过少，则分类效果差。

误差函数可能有多个局部极小值，梯度下降算法可能陷入某个局部极小值，而不能保证达到全局最小。

在本章的例子中，激活函数选取的都是 Sigmoid 函数。当隐含层神经元个数过多，为了调整参数对前面各层的参数求偏导时，梯度可能趋近于 0，出现“梯度消失”的问题，此时可以选取其他的激活函数，如 Tanh 函数、ReLU 函数等。

学习率设置太低时，虽然能够保证网络收敛，但是收敛速度过慢；学习率设置过高时，可能直接导致网络无法收敛。

同时，BP 神经网络的训练方式可以分为在线学习和批量(Batch)学习。

在线学习：一次输入一个样本点，计算总误差，调整权重和阈值。

批量学习：输入多个样本点，累计求出总误差，求出每个数据的总误差平均值，以这个平均值，调整权重和阈值。

对 BP 神经网络的介绍先告一段落，大家在此基础上，深入研究并进行实际运用，积累经验。反向传播算法是神经网络中极为重要的学习算法，在人工神经网络的实际应用中，绝大部分的神经网络模型都采用 BP 神经网络及其变化形式。它也是前向网络的核心部分，体现了人工神经网络的精华。

在 BP 神经网络刚刚出现时，计算机的性能无法支持大规模的神经网络训练。1995 年支持向量机诞生，其可以免去神经网络需要调节参数的不足，还避免了神经网络中局部最优的问题，成为当时人工智能领域的主流算法，此时神经网络研究再次陷入冰河期。

8.5 多层神经网络

8.5.1 深度学习

2006 年，由于计算机的处理速度和存储能力大幅度提高，大规模并行计算和 GPU 兴起，神经网络研究迎来第三次高潮。Hinton 在 *Science* 和相关期刊上发表论文，提出了“深度信念网络(Deep Belief Network，DBN)”的概念，通过“预训练(Pre-training)”和 “微调(Fine-tuning)”技术对整个网络进行优化训练，大幅度减少了训练多层神经网络的时间。此后，以“深度学习(Deep Learning)”为代表的多层复杂网络模型开始迅速崛起。

深度学习是机器学习领域中一个新的研究方向，其利用复杂结构的多个处理层对数据进行高层次的抽象，在语音和图像识别方面具有优异的性能。传统的 BP 算法仅有几层网络，需要人工选取特征，而深度学习可自动地从数据中提取特征，采用反向传播算法进行训练，比 BP 神经网络算法的效果更好。

典型的深度学习模型有卷积神经网络、循环神经网络等。

8.5.2 卷积神经网络

卷积神经网络(Convolutional Neural Networks,CNN)是深度学习的代表算法之一,在大型图像处理方面有出色的表现。

普通的全连接神经网络会出现维度灾难。例如,对于一幅 200×200 的图片,输入层节点的个数为 40 000 个,即使只有 1 个 40 000 个节点的隐藏层,所有参数加起来也已经上亿。此时计算量巨大,训练困难,对计算机的性能要求很高。

卷积神经网络中层的功能和形式都发生了变化,是传统神经网络的一个改进。典型的卷积网络包含卷积层、池化层(Pooling)和全连接层。卷积层与池化层配合,不断降维,逐层提取特征,最终通过全连接层进行分类。

1. 卷积

首先给大家介绍卷积操作。以识别图片为例,假如图片中每个像素点的值用 0、1 表示,图 8.13是一个 6×6 大小的原始图片,图 8.14 所示为 3×3 大小的矩阵,被称为卷积核。

0	0	1	0	0	1
1	0	0	0	1	0
0	0	1	1	1	1
1	0	0	0	0	0
0	1	1	0	0	1
0	0	0	0	1	0

图 8.13 原始图片

1	0	1
0	1	0
1	0	1

图 8.14 卷积核

卷积操作如图 8.15 所示,将卷积核放在原始图片上,从左向右、从上向下按照一定的步长滑动矩阵,在每个位置上,用卷积核的权重与图片对应位置的像素值相乘后求和。

在实际使用时,卷积核的大小不同,每个位置的权重不同,提取的特征也不同。

在图 8.15 中,原始图片大小为 6×6,卷积核矩阵大小为 3×3,假设滑动步长为 1,那么水平方向可以滑动 4 次,垂直方向可以滑动 4 次。最后的卷积结果是一个 4×4 的矩阵,如图 8.16所示。

此时,已经将原图 36 维的特征向量,缩减为 16 维的特征向量。

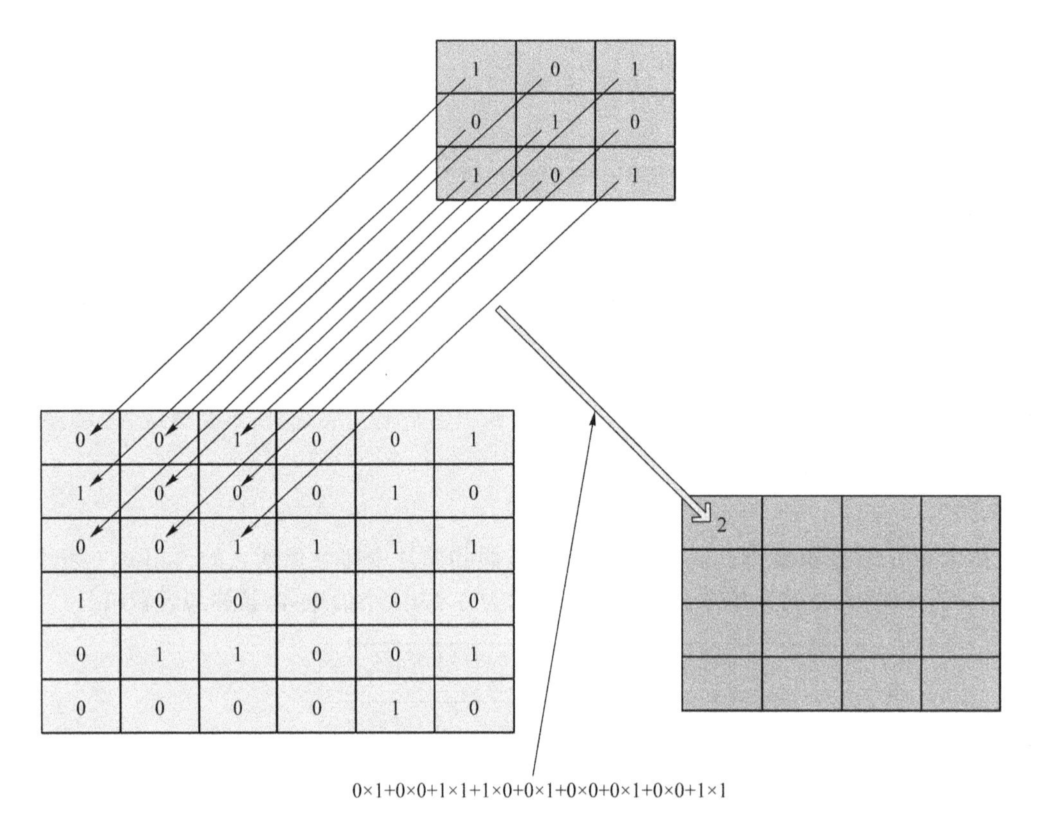

图 8.15　卷积操作

2	1	3	4
2	1	2	1
2	2	3	3
2	1	1	0

图 8.16　卷积结果

2. 池化

池化操作用来进一步降低卷积操作得到的特征向量维度。

常见的池化类型有最大池化(Max Pooling)、平均池化、求和池化等。

对图 8.16 的卷积结果选用最大池化。假如池化核是一个 2×2 的矩阵,步长为 2。执行过程为:把卷积结果拆分成大小为的 2×2 区域,输出每个区域的最大值。池化结果如图 8.17 所示,此时特征向量已经只剩下 4 维。

池化操作使模型更加关注是否存在某些特征,而不是特征的具体位置,增强了模型对图像中变形、扭曲、平移的鲁棒性,同时,进一步降维,减少了参数的计算量,在一定程度上遏制了过拟合。

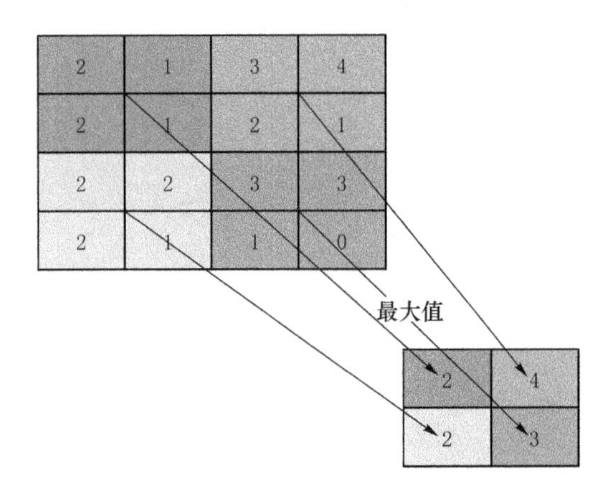

图 8.17 最大池化的结果

3. 全连接

全连接是指每个神经元与前后相邻层的每一个神经元都有连接关系。传统神经网络就属于全连接。

卷积神经网络的后续操作类似于 BP 神经网络。通过全连接计算输出,为了使损失函数取得最小值,采用梯度下降算法调整参数。

前面只是对卷积神经网络进行了简单的入门介绍,在具体应用时,要注意的细节还有很多,如卷积操作中的补零(Zero-padding)、卷积的深度(Depth)、常选用的 ReLU(Rectified Linear Unit,修正线性单元)激活函数、全连接中的舍弃(Dropout)操作等。

有了本节的基础,大家可以从经典的卷积神经网络框架入手,如 LeNet 框架,认真研究每一步操作。

8.5.3 循环神经网络

循环神经网络(Recurrent Neural Network,RNN)是一种对序列数据建模的神经网络,其输出不仅和当前的输入有关,还和上一时刻的输出相关,具有短期记忆能力,适合处理视频、语音、文本等与时序相关的问题。

RNN 的隐含层是循环层,它的值不仅取决于当前的输入,还取决于上一次隐含层的输出值。最基本的循环神经网络结构如图 8.18 所示。

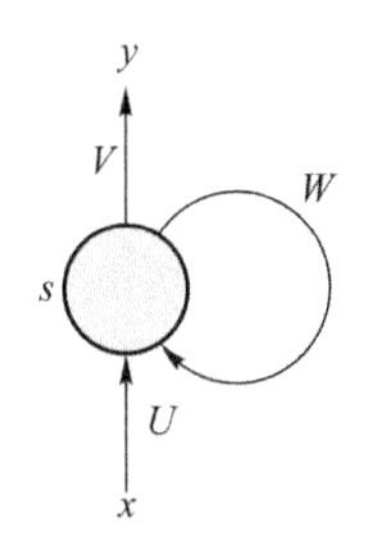

图 8.18 最基本的循环神经网络结构

其展开形式如图 8.19 所示。

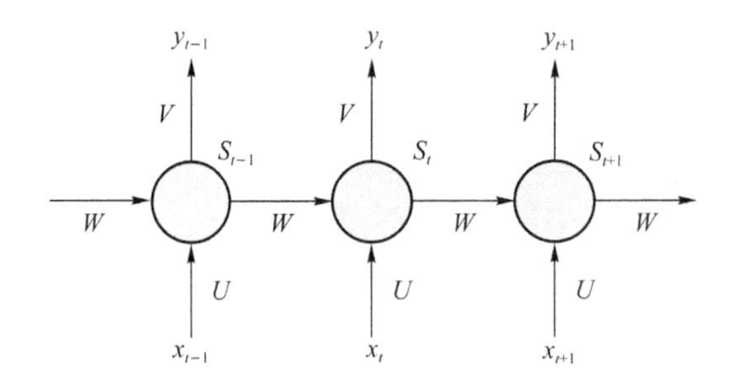

图 8.19　展开形式

其中，t 是当前时刻；x 是输入层；S 是隐藏层；y 是输出层；W 就是隐藏层上一次的输出值，作为这一次输入时的权重；U 是输入层与隐藏层的连接权重；V 是隐藏层与输出层的连接权重。

隐藏层状态的计算过程用公式表达如下：

$$S_t=f(WS_{t-1}+UX_t+b) \tag{8.36}$$

其中，$f()$是激活函数，如 Tanh 函数，S_{t-1}是上一时刻隐藏层的输出值，b 是阈值。

输出层状态的计算过程用式(8.37)表达如下：

$$y_t=g(VS_t+c) \tag{8.37}$$

其中，$g()$是激活函数，如 Softmax 函数；c 是阈值。

RNN 的其他执行过程与传统神经网络类似。

8.5.4　实战演示

本节给大家展示多层神经网络模型的实际使用，我们选择的网络模型是 LeNet-5，它是最早出现的卷积神经网络，由 LeCun 团队首先提出。

LeNet-5 充分考虑了图像的相关性，其网络结构如图 8.20 所示。

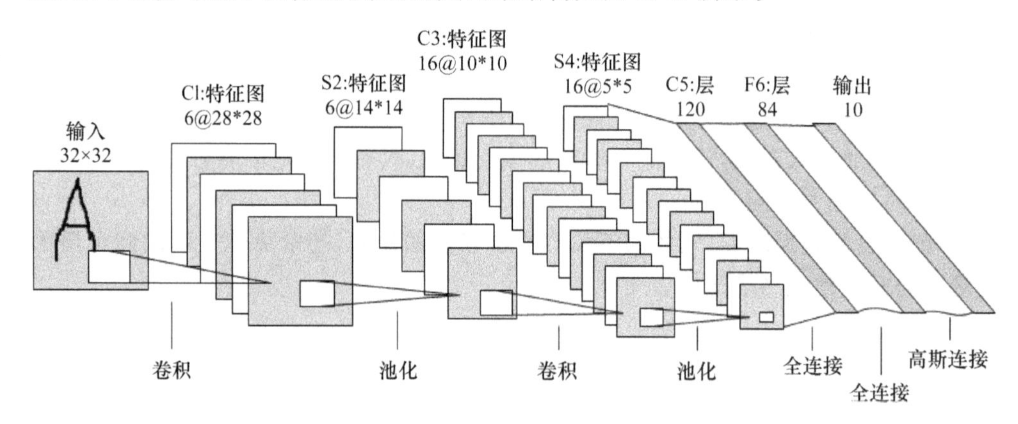

图 8.20　LeNet-5 的网络结构

LeNet-5 有 3 种连接方式：2 个卷积层、2 个池化层和 3 个全连接层。

具体步骤描述如下。

(1) 输入大小为 32×32×1 的图片。

(2) 进行第一次卷积操作，卷积核大小为 5×5×1，个数为 6，步长为 1，采用非全零填充模式。

(3) 将卷积结果输入非线性激活函数。

(4) 进行第一次池化操作,池化核大小为 2×2,步长为 2,采用全零填充模式。

(5) 进行第二次卷积操作,卷积核大小为 5×5×6,个数为 16,步长为 1,采用非全零填充模式。

(6) 将卷积结果输入非线性激活函数。

(7) 进行第二次池化操作,池化核大小为 2×2,步长为 2,采用全零填充模式。

(8) 进行三次全连接操作。

将其画成形象的流程图,如图 8.21 所示。

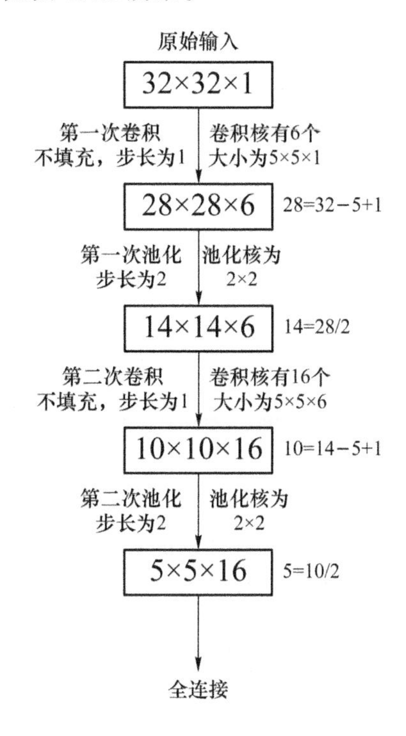

图 8.21 LeNet-5 网络流程图

LeNet-5 网络有效解决了手写数字的识别问题。我们选用 Mnist 数据集测试 LeNet-5 网络的识别效果。该数据集由来自 250 个不同人手写的数字构成,其中,训练集包含 60 000 张图片,测试集包含 10 000 张图片。每张图片由 28×28 个像素点构成,每个像素点用一个灰度值表示。数据集的标签是长度为 10 的一维数组,数组中每个元素表示对应数字出现的概率。由于 LeNet-5 的输入大小为 32×32×1,所以程序中对 LeNet-5 神经网络进行了微调。

代码如下：

```
import tensorflow as tf
from tensorflow.examples.tutorials.mnist import input_data
import numpy as np

#输入层图片的尺寸 28 * 28
inputSize = 28
#输入层通道数
```

```
channelNum = 1
#输出层神经元个数,也是最后一次全连接时神经元的个数
outputSize = 10

#第 1 次卷积 5*5*1*6
# 5*5 的卷积核
convOneSize = 5
# 6 个卷积核,深度 6
convOneDeep = 6

#第 2 次卷积 5*5*6*16
# 5*5 的卷积核
convTwoSize = 5
# 16 个卷积核,深度 16
convTwoDeep = 16

#第 1 次全连接层的神经元个数
fullConSize1 = 120
#第 2 次全连接层的神经元个数
fullConSize2 = 84

#功能:初始化权重。参数:shape:生成的维度
def getWeight(shape):
    #生成去掉过大偏离点的正态分布随机数,标准差为 0.1
    w = tf.Variable(tf.truncated_normal(shape, stddev = 0.1))
    return w

#功能:初始化阈值。参数:shape:生成的维度。
def getBias(shape):
    b = tf.Variable(tf.zeros(shape))  #初始化为 0
    return b

#功能:卷积计算。参数:x:输入,w:卷积核
def convol(x, w, pad = 'VALID'):
    # tf.nn.conv2d(输入,卷积核,步长[1,行步长,列步长,1],填充模式[padding:'
SAME'全 0 填充,'VALID'不填充])
    return tf.nn.conv2d(x, w, strides = [1, 1, 1, 1], padding = pad)

#功能:池化核为 2*2 的最大池化操作,全零填充。参数:x:输入
def maxPool(x):
```

```
    # tf.nn.max_pool(输入,池化核[1,行分辨率,列分辨率,1],步长[1,行步长,列步长,1],填充模式)
    return tf.nn.max_pool(x, ksize=[1, 2, 2, 1], strides=[1, 2, 2, 1], padding='SAME')


#功能:前向传播过程。参数:x:输入
def forward(x):
    #第1层卷积层的前向传播过程,卷积核5*5*1*6
    #初始化卷积核和阈值
    conv1W = getWeight([convOneSize, convOneSize, channelNum, convOneDeep])
    conv1B = getBias([convOneDeep])
    #最初输入就是28*28的图片,为了使后面的维数与LeNet-5一样,使用全零填充
    conv1 = convol(x, conv1W, 'SAME')
    #对卷积结果添加偏置,后使用relu激活函数
    relu1 = tf.nn.relu(tf.nn.bias_add(conv1, conv1B))
    #此时维度为28*28*6

    #第2层最大池化
    pool1 = maxPool(relu1)
    #此时维度为14*14*6

    #第3层卷积层,卷积核5*5*6*16
    #初始化卷积核和阈值
    #卷积核的通道数要与上一层卷积核的个数一致
    conv2W = getWeight([convTwoSize, convTwoSize, convOneDeep, convTwoDeep])
    conv2B = getBias([convTwoDeep])
    #此时的输入是上一层的池化结果pool1
    conv2 = convol(pool1, conv2W)  #默认非零填充
    #对卷积结果添加偏置,后使用relu激活函数
    relu2 = tf.nn.relu(tf.nn.bias_add(conv2, conv2B))
    #此时维度为10*10*16,10=14-5+1

    #第4层最大池化
    pool2 = maxPool(relu2)
    #此时维度为5*5*16

    #池化层输出pool2转化为下一层全连接层的输入格式,一维向量
    #将pool2的维度存入列表
    shapeList = pool2.get_shape().as_list()
```

```
    #每个样本的总特征数
    num = shapeList[1] * shapeList[2] * shapeList[3]
    #将 pool2 拉直,转换为一维向量
    fullIn = tf.reshape(pool2, [shapeList[0], num])
    #拉直后维度[1,5 * 5 * 16]

    #第 5 层全连接层
    fc1W = getWeight([num, fullConSize1])
    fc1B = getBias([fullConSize1])
    # relu 函数激活
    fc1 = tf.nn.relu(tf.matmul(fullIn, fc1W) + fc1B)

    #第 6 层全连接层
    fc2W = getWeight([fullConSize1, fullConSize2])
    fc2B = getBias([fullConSize2])
    fc2 = tf.matmul(fc1, fc2W) + fc2B

    #第 7 层全连接层
    fc3W = getWeight([fullConSize2, outputSize])
    fc3B = getBias([outputSize])
    yOut = tf.matmul(fc2, fc3W) + fc3B

    return yOut


#每次输入到神经网络的数据量
batchSize = 100
#学习率
rate = 0.1
#迭代次数
epoch = 1000


#功能:反向传播训练 mnist 中的数据
def backward(mnist):
    #设置输入 x 的格式,每次训练 batchSize 个样本 * 长 * 宽 * 图片像素值的通道数
    xIn = tf.placeholder(tf.float32, [batchSize, inputSize, inputSize, channelNum])
    #设置输出 y 的格式
    yCorrect = tf.placeholder(tf.float32, [None, outputSize])
```

```
    #调用前向传播网络得到维度为 10 的结果
    yOut = forward(xIn)

    #计算均方误差 MSE
    lossOfMSE = tf.reduce_mean(tf.square(yCorrect - yOut))

    #定义训练过程节点:梯度下降算法最小化 lossOfMSE
    trainStep = tf.train.GradientDescentOptimizer(rate).minimize(lossOfMSE)

    #实例化一个保存和恢复变量的 saver 对象
    saver = tf.train.Saver()

    with tf.Session() as sess:
        #参数初始化
        init = tf.global_variables_initializer()
        sess.run(init)

        for i in range(epoch):
            #随机从训练集中抽取 batchSize 个样本输入神经网络
            xi, yi = mnist.train.next_batch(batchSize)

            #将输入数据 xi 转换成与网络输入相同形状的矩阵
            xi = np.reshape(xi, (batchSize, inputSize, inputSize, channelNum))

            #将 xi, yi 喂入神经网络进行训练,并获取 lossOfMSE
            _, lossValue = sess.run([trainStep, lossOfMSE], feed_dict = {xIn:
                           xi, yCorrect: yi})

            if i % 100 = = 0 or (i = = epoch - 1):
                print("迭代次数: %4d ,损失函数值: %g." % (i, lossValue))
                #保存模型到当前目录,文件名 myModel
                saver.save(sess, "myModel")

        sess.close()


#功能:测试识别结果
def test(mnist):
    #第二张新的默认图
    with tf.Graph().as_default():
```

```
        xIn = tf.placeholder(tf.float32, [mnist.test.num_examples, inputSize,
            inputSize, channelNum])
        yCorrect = tf.placeholder(tf.float32, [None, outputSize])
        yOut = forward(xIn)

        saver = tf.train.Saver()

        #逐个比较输出值和实际值是否相同
        correctList = tf.equal(tf.argmax(yOut, 1), tf.argmax(yCorrect, 1))

        #求平均准确率
        accuracy = tf.reduce_mean(tf.cast(correctList, tf.float32))

        with tf.Session() as sess:
            #加载当前目录的ckpt模型,当前目录呢
    checkpoint = tf.train.get_checkpoint_state("./")

            #恢复会话
            saver.restore(sess, checkpoint.model_checkpoint_path)

            #从测试集中取数据,进行测试
            x = np.reshape(mnist.test.images, (mnist.test.num_examples, in-
                putSize, inputSize, channelNum))

            #计算出测试集上准确率
            score = sess.run(accuracy, feed_dict = {xIn: x, yCorrect: mnist.
                    test.labels})

            print("测试准确率:%g%%." % (score * 100))

    mnist = input_data.read_data_sets("./data/", one_hot = True)
    backward(mnist)
    test(mnist)
```

结果如图 8.22 所示。

此程序只是原样实现了 LeNet-5 网络结构,没有做任何优化,准确率已经达到了 92%左右。读者可以对程序中的参数进行修改,并优化网络结构。优化思路如下。

(1) 改变损失函数的计算方式,如选用交叉熵。

(2) 采用指数衰减学习率。

(3) 优化参数时,使用滑动平均。

```
迭代次数:      0 , 损失函数值:  0.147948.
迭代次数:    100 , 损失函数值:  0.0742123.
迭代次数:    200 , 损失函数值:  0.0528538.
迭代次数:    300 , 损失函数值:  0.0490869.
迭代次数:    400 , 损失函数值:  0.03763.
迭代次数:    500 , 损失函数值:  0.0378535.
迭代次数:    600 , 损失函数值:  0.0324723.
迭代次数:    700 , 损失函数值:  0.0262723.
迭代次数:    800 , 损失函数值:  0.0301652.
迭代次数:    900 , 损失函数值:  0.0311248.
迭代次数:    999 , 损失函数值:  0.0265971.
W0302 19:48:31.070605 13928 deprecation.py:
Instructions for updating:
Use standard file APIs to check for files w
测试准确率: 92.23%.
```

图 8.22　LeNet-5 手写数字识别结果

(4) 为了防止过拟合,对损失函数加上正则项。

(5) 训练时使用 Dropout(随机丢弃)。

经过优化和调参的 LeNet-5 网络的识别准确率还会有进一步提升。

8.6 本章小结

本章根据神经网络的发展历史,讲解了神经元、感知器、BP 神经网络和多层神经网络。这些都是神经网络中的基础知识,本章讲解得很详细,并针对各种网络结构的基本原理,通过实例,教大家如何将其实际运用。

第9章　*k*-means

本章介绍聚类(Clustering)中的 k-means 算法。将数据集分成由类似样本组成的多个类的过程称为聚类,属于无监督学习。有监督学习和无监督学习的最大区别在于样本是否有标签。k-means 算法简洁、效率高,因此被广泛使用。

9.1　*k*-means 算法介绍

k-means 算法以 k 为参数,把 n 个样本分成 k 个簇,使相同簇样本之间具有较高的相似度,而不同簇样本之间的相似度较低。

具体步骤如下。

(1) 随机选择 k 个样本作为初始的聚类中心。

(2) 计算每个样本与各个聚类中心的距离,将样本归入距离它最近的聚类中心。

(3) 计算每个聚类所有样本特征的均值,将这些均值作为新的聚类中心。

(4) 如果达到终止条件,则结束,否则,跳转到第 2 步。

9.2　*k*-means 算法深入讨论

9.2.1　*k* 值的选择

确定聚类数 k 可以遵循肘部法则(Elbow Method),其核心指标是 SSE(Sum of the Squared Errors,误差平方和)。对于 k-means 算法,聚类数 k 越大,样本划分的越精细,每个簇的聚合程度越高,SSE 越小。

$$\mathrm{SSE} = \sum_{i=1}^{k} \sum \mathrm{dist}\,(x, c_i)^2 \tag{9.1}$$

其中,$\mathrm{dist}(x, c_i)$是聚类 i 内样本 x 到聚类中心 c_i 的距离。

当 k 小于真实聚类数时,k 每增加 1,SSE 会大幅度下降。当 k 大于真实聚类数时,k 每增加 1,SSE 的下降幅度会变小。当 k 继续增大时,SSE 的下降幅度趋于平缓。SSE 和 k 的关系图是一个手肘的形状,这个肘部对应的 k 值就是数据的真实聚类数。假设 SSE 和 k 的关系如

图 9.1 所示，此时选择 $k=3$。

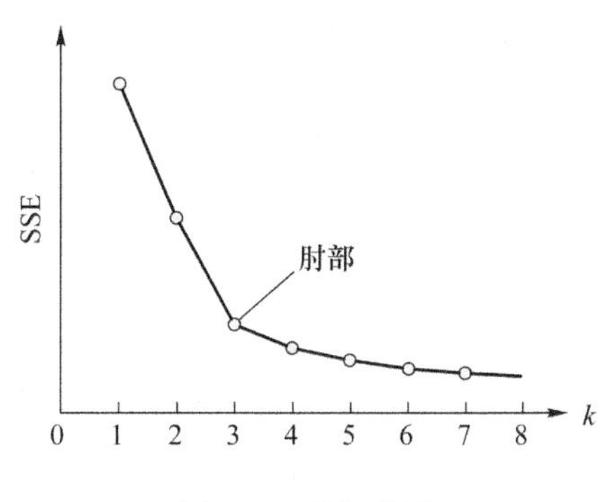

图 9.1　肘部法则

除了肘部法则，还有轮廓系数法等其他方法，有时也需要根据实际应用，选择 k 值。

9.2.2　相似程度的度量

计算特征空间中两个样本点的相似程度时，最常用的是欧氏距离，也可以选用曼哈顿距离、夹角余弦等计算方式。这些知识点在 k-近邻算法中已经进行了介绍，这里不再赘述。

9.2.3　终止条件

可以选择下列任何一个情况，作为 k-means 算法的终止条件。

(1) 聚类中心不再发生改变。

(2) 误差平方和变化较小。

(3) 迭代超过一定的次数。

9.3　入门实例

下面通过一个实例，让大家对 k-means 算法有一个直观的认识。假如所有样本点分布在二维空间内，且簇数为 2，初始状态如图 9.2 所示，随机产生两个聚类中心。

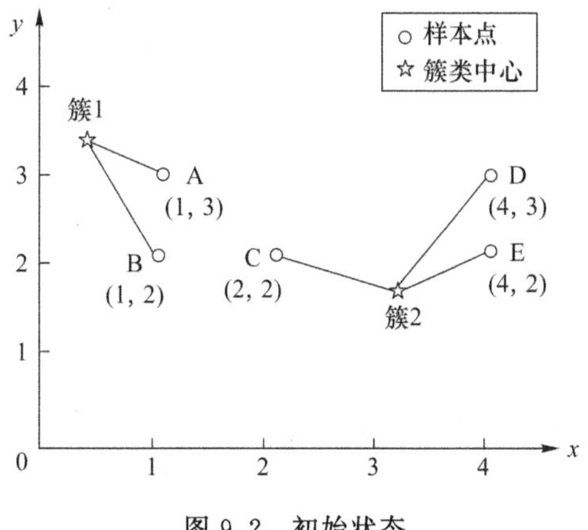

图 9.2　初始状态

通过计算距离可知，点 A、B 属于簇 1，点 C、D、E 属于簇 2。下一步，计算每个簇内样本特征的均值，将其作为新的聚类中心，如图 9.3 所示。通过计算距离可知，此时点 A、B、C 属于簇 1，点 D、E 属于簇 2。

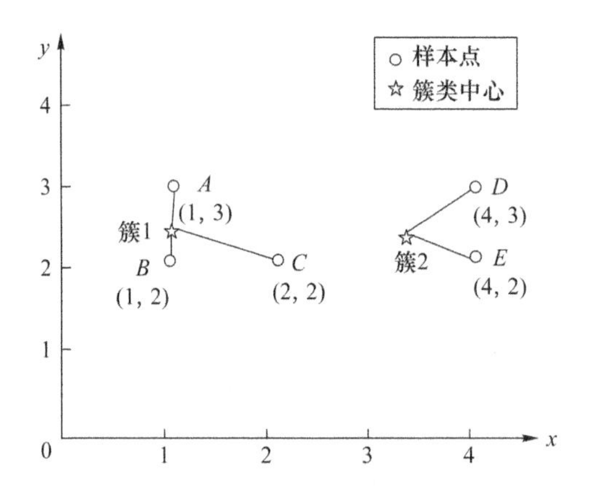

图 9.3 更新簇类中心

再次，计算每个簇内样本特征的均值，将其作为簇 1、簇 2 的聚类中心，如图 9.4 所示。此时点 A、B、C、D、E 所属的簇没有发生任何变化，算法结束。

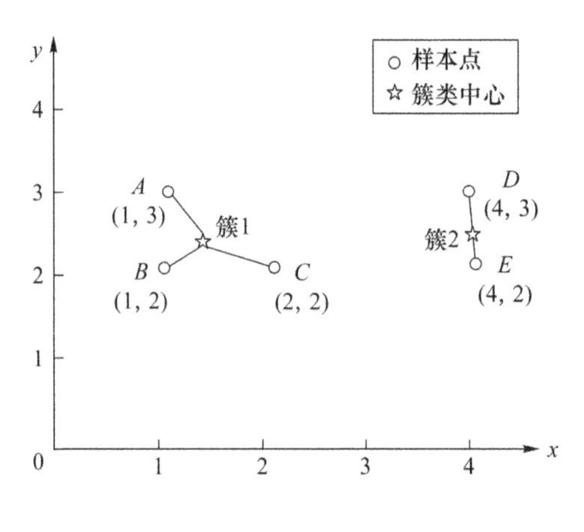

图 9.4 最终状态

9.4 实际应用

9.4.1 KMeans 类介绍

在 Python 语言的 sklearn 库中，提供了 KMeans 类，实现了 k-means 聚类算法。可以使用 sklearn. cluster. KMeans 调用 k-means 算法进行聚类。

对于 KMeans 类的构造函数，其参数介绍如表 9.1 所示。

表 9.1　KMeans 类的参数介绍

参　数	含　义
n_clusters	缺省值 n_clusters =8,用于指定聚类中心的个数
max_iter	缺省值 max_iter =300,表示最大的迭代次数
init	用于指定初始聚类中心的初始化方法,可选"k-means++(默认)""random"和一个 ndarray 向量

KMeans 类的对象常用属性如表 9.2 所示。

表 9.2　KMeans 类的对象常用属性

属　性	含　义
cluster_centers_	聚类中心的坐标
labels_	每个样本的类别
inertia_	样本距最近聚类中心的距离平方和

KMeans 类的对象常用方法如表 9.3 所示。

表 9.3　KMeans 类的对象常用方法

函数名	功　能
fit_predict(X)	计算簇中心,并预测每个样本的类别
fit(X)	根据样本 X 进行 *k*-means 聚类
score(X)	计算聚类误差

9.4.2　小试牛刀

在此实例中，我们构建了一个 KMeans 类的对象,将图 9.2 中的数据进行聚类。

(1) 准备数据。

根据数据坐标创建 X。

```
X = [[1, 2],
     [1, 3],
     [2, 2],
     [4, 2],
     [4, 3]]
```

(2) 使用 import 语句导入 *k*-means 聚类算法。

```
from sklearn.cluster import KMeans
```

(3) 设置参数,创建 KMeans 类的对象。

例如,将参数 n_clusters 设置为 2,即将数据分成 2 个类别,其他参数保持默认值,并将创建好的实例对象赋给变量 k1。

```
#将其数据分为 2 类
k1 = KMeans(n_clusters = 2)
```

(4) 进行聚类,调用 fit_predict() 函数。

```
#对 X 进行聚类并返回对应的类别
Y = k1.fit_predict(X)
```

(5) 将数据列表转换成数组。

```
import numpy as np

X = np.array(X)
```

(6) 根据类别值,用不同的颜色标记数据,进行显示。

```
#导入绘图库
import matplotlib.pyplot as plt

#根据类别值用不同的颜色标记
for i in range(len(X)):
    if (Y[i] == 0):
        # plt.scatter 函数常用参数:横纵坐标,颜色,图形,大小
        #正例用蓝色圆圈表示
        plt.scatter(X[i, 0], X[i, 1], c='b', marker='o', s=100)
    else:
        #反例用绿色星号表示
        plt.scatter(X[i, 0], X[i, 1], c='g', marker='x', s=200)
```

(7) 画聚类中心点。

```
#获取中心点
center = k1.cluster_centers_
#画聚类中心点
plt.scatter(center[:, 0], center[:, 1], c='r', marker='*', s=300)
```

(8) 设置横纵坐标的显示范围。

```
#横坐标范围
plt.xlim(0, 5)
#纵坐标范围
plt.ylim(0, 5)
```

(9) 显示。

```
plt.show()
```

运行结果如图 9.5 所示。

可以看出程序的运行结果与图 9.4 的最终状态一致。

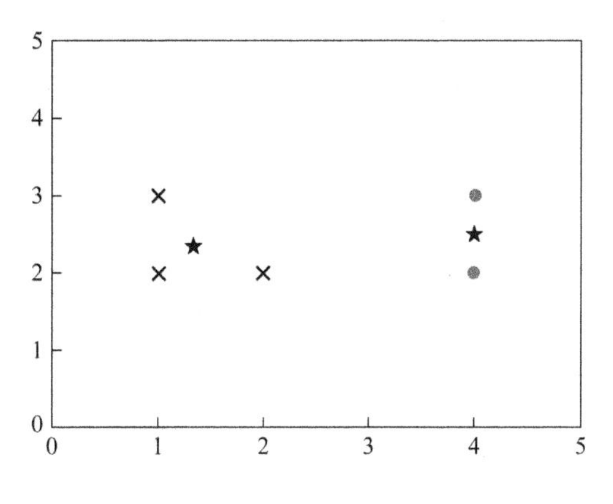

图 9.5　样例运行结果

9.4.3　实战演示

本节实例使用 KMeans 类的对象，对鸢尾花数据集进行聚类。鸢尾花数据集包含 3 类，共 150 条记录，每类各 50 条记录，每条记录都有 4 项特征：花萼长度、花萼宽度、花瓣长度、花瓣宽度。为了方便显示聚类结果，只选用花瓣长度和花瓣宽度两个特征进行聚类。

首先，根据肘部法则验证聚类数 k 的取值是否为 3。

代码如下：

```
#导入自带鸢尾花数据集
from sklearn.datasets import load_iris
#导入 k-means 聚类算法
from sklearn.cluster import KMeans
#导入绘图库
import matplotlib.pyplot as plt

#获取鸢尾花数据
iris = load_iris()

#为了显示方便，选用两个特征进行聚类：花瓣长度、花瓣宽度
X = iris.data[:, 2:4]

#肘部法看 k 值
SSE = []
k = []
#遍历 k 取值 1 至 10
for i in range(1, 10):
    km = KMeans(n_clusters = i)
```

```
    km.fit_predict(X)
    #样本与最近聚类中心的距离平方和
    SSE.append(km.inertia_)
    k.append(i)

plt.plot(k, SSE, marker='o')
plt.xlabel('K')
plt.ylabel('SSE')
plt.show()
```

结果如下：

通过图 9.6 可以看出 $k>3$ 后，SSE 的下降幅度趋于平缓，因此聚类数取 3 比较合适，与鸢尾花数据集的实际类别数相符。

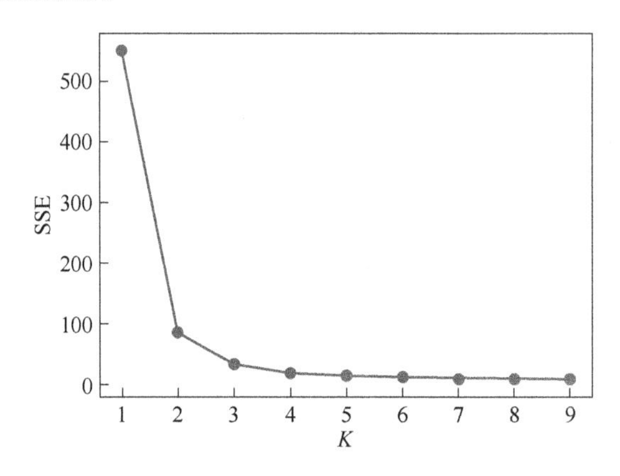

图 9.6　SSE 和 k 的关系图

下面通过代码，形象的展示聚类数为 3 时的聚类结果。

代码：

```
#导入自带鸢尾花数据集
from sklearn.datasets import load_iris
#导入 k-means 聚类算法
from sklearn.cluster import KMeans
#导入绘图库
import matplotlib.pyplot as plt
#导入数值计算库
import numpy as np

#获取鸢尾花数据
iris = load_iris()

#为了显示方便，选用两个特征进行聚类：花瓣长度、花瓣宽度
```

```
X = iris.data[:, 2:4]

#将数据分为 3 类
k1 = KMeans(n_clusters = 3)

#对 X 进行聚类,predictY 为预测标签
predictY = k1.fit_predict(X)

for i in range(len(X)):
    if (predictY[i] = = 0):
        plt.scatter(X[i, 0], X[i, 1], c = 'y', marker = '1', s = 100)
    elif (predictY[i] = = 1):
        plt.scatter(X[i, 0], X[i, 1], c = 'b', marker = '|', s = 100)
    elif (predictY[i] = = 2):
        plt.scatter(X[i, 0], X[i, 1], c = 'g', marker = 'x', s = 100)

#获取中心点
center = k1.cluster_centers_
#标记中心点
plt.scatter(center[:, 0], center[:, 1], c = 'r', marker = '*', s = 300)
plt.show()

#初始化全 0 数组
labels = np.zeros_like(predictY)

#计算众数函数
from scipy.stats import mode

#真实标签
realY = iris.target

for i in range(3):
    #得到第 i 类的 True Flase 类型的 index 矩阵
    #真实值数组中值为 i 的位置为 True,否则为 Flase
    mask = (realY = = i)

    #返回预测结果 Y 中对应位置的值,mask 中为 True 的位置
    predict = predictY[mask]

    # mode()返回传入数组/矩阵中最常出现的成员,即众数,以及出现的次数
```

```
        modeAndCount = mode(predict)

        #真实值为第 i 类的样本,在预测结果中的众数
        mostMember = modeAndCount[0]

        #将 mask 位置的值用众数代替,作为真实的 label
        labels[mask] = mostMember

    #计算准确率
    from sklearn.metrics import accuracy_score

    #将真实值 labels 与预测结果进行比较
    print("accuracy:", accuracy_score(labels, predictY))
```

结果:

```
accuracy: 0.96
```

从图 9.7 所示的结果可以看出,所有样本被清晰地分成 3 类。通过与真实类别比较,聚类结果的准确率为 96%,只有不同类别中邻近的个别样本被误分。读者可以修改 *k*-means 聚类算法的参数,对比分类结果。

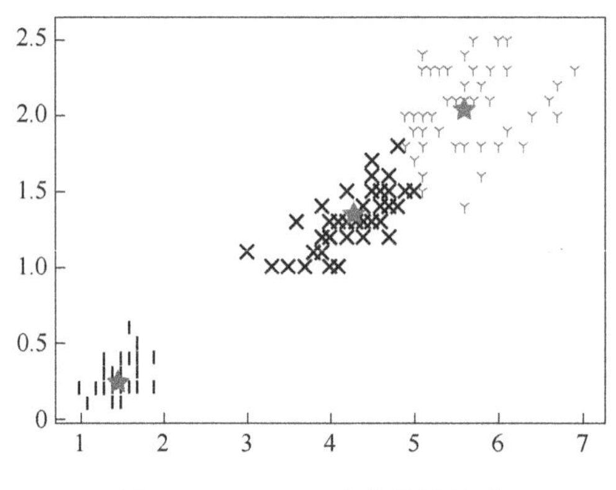

图 9.7 *k*-means 聚类结果展示

9.5 本章小结

本章介绍的 *k*-means 算法是聚类算法中最简单的一种,读者可以在此基础上,深入研究其他聚类算法,如基于密度的 DBSCAN(Density-Based Spatial Clustering of Applications with Noise)算法等。为了克服 *k*-means 算法收敛于局部最小值的问题,可以使用一种称为二分 *k*-means的聚类算法。

k-means 算法的优点:快速、简单;容易实现;适合处理大数据集。

k-means 算法的缺点:*k* 值的选取不好确定;对于不同的初始值,可能会导致不同的结果;对噪音和异常点比较敏感。

第 10 章　Apriori 关联分析

本章给大家介绍另一种无监督学习算法——Apriori 关联分析，它是一种通过频繁项集来挖掘数据集内部隐含关联规则的算法。本章将从算法原理、算法实现、实战演练等方面带大家了解 Apriori 关联分析算法。

10.1　Apriori 关联分析介绍

关联分析是数据挖掘领域中非常基础但同时也非常重要的研究方法之一。它最早提出是为了对购物车的分析，从而发现不同商品之间的关联规则，后来广泛应用到网络安全、行政管理、移动通信甚至于地球科学等多个领域。实现关联分析的算法有很多种，Apriori 是其中的一个经典算法。

10.1.1　关联分析

在数据挖掘领域有一个广为人知的案例——“啤酒与尿布”：美国一家连锁店在分析自己的销售记录时，发现很多男性会在购买尿布的同时购买啤酒，这两种看似完全不相干的商品之间显现出强相关性，于是商家就调整了货架的摆放，把啤酒和尿布放在一起销售，最终两者的销量同时得到了提升。

这就是关联分析在商业领域一个典型应用，通过对大量用户购物记录做分析，提取出能够反映购买规则的信息，然后用这些信息去指导商业行为。

我们基于表 10.1 所示的数据去阐述关联分析的思路。

表 10.1　交易记录

交易单号	商　品
0	面包、牛奶、啤酒
1	面包、牛奶、啤酒、卷心菜
2	啤酒、卷心菜、尿布
3	面包、啤酒、尿布
4	面包、牛奶、尿布

1. 基本概念

在开始之前，我们先介绍一些关联分析中的基本概念。

项集:包含 0 个或者多个项的集合。在上述数据中,每一种商品就是一个项,这些项的相互组合就是项集。

支持度计数:项集在数据集中出现的次数。例如,{面包,牛奶}这个项集在数据集中一共出现了 3 次,那么它的支持度计数就是 3。

支持度:包含项集的数据记录在全部数据记录中所占的比例,等价于该项集的发生概率。对于项集{面包,牛奶}来说,它在数据集中出现了 3 次,全部数据记录条数为 5,所以它的支持度为 0.6。

频繁项集:支持度大于指定阈值的项集。

关联规则:两个不相交项集之间的蕴涵表达式。如果我们有两个不相交的项集 A 和 B,就可以有规则 $A \rightarrow B$,如{面包,牛奶}→{啤酒}。项集和项集之间组合可以产生很多的关联规则,但不是每个关联规则都是有价值的,我们需要一些指标来帮助我们衡量哪些关联规则是有价值的,这就是置信度。

置信度:关联规则是形如 $A \rightarrow B$ 的蕴涵表达式,其中 A 和 B 是不相交的两个项集,则该关联规则的置信度可定义如下:

$$\text{confidence}(A \Rightarrow B) = P(B|A) = \frac{\text{support}(A \cup B)}{\text{support}(A)} = \frac{\text{support\_count}(A \cup B)}{\text{support\_count}(A)} \tag{10.1}$$

我们定义了一个关联规则{面包,牛奶}→{啤酒},即购买面包和牛奶的顾客也会购买啤酒。{面包,牛奶,啤酒}的支持度计数为 2,{面包,牛奶}支持度计数为 3,所以该关联规则的置信度为 2/3。

我们定义的关联规则{面包,牛奶}→{啤酒}的置信度可以认定较高。可是这样的结论并不一定具备指导意义,因为大部分人都买了啤酒,所以{面包,牛奶}这组商品并不一定对啤酒这个商品有促进作用,置信度高只是因为啤酒购买量大,我们需要另一个指标:提升度。

提升度:关联规则是形如 $A \rightarrow B$ 的蕴涵表达式,其中 A 和 B 是不相交的两个项集,则该关联规则的提升度可定义如下:

$$\text{lift}(A \Rightarrow B) = \frac{P(B|A)}{P(B)} = \frac{\text{confidence}(A \Rightarrow B)}{\text{support}(B)} \tag{10.2}$$

它表示在已经发生了 A 事件的情况下 B 发生的概率与在无前提条件下 B 发生的概率之比。当提升度(A→B)的值大于 1 的时候,A 的发生对 B 有促进作用。而若提升度小于 1,则意味着 A 的发生反而会降低 B 发生的概率。

就上面的关联规则{面包,牛奶}→{啤酒}而言,它的置信度为 2/3,{啤酒}的支持度为 4/5,所以{面包,牛奶}→{啤酒}的提升度为 5/6,小于 1,也就是说,购买{面包,牛奶}反而可能减少啤酒的购买量。

当然此处只是为了结合具体数据做一个说明,事实上,由于样本数据集太小,所有基于统计的推测都是不可靠的。

关联度分析的目的就是发现这样置信度高、提升度高的关联规则,从而为决策做出支持。

需要注意的是由简单关联规则得出的推论并不等同于因果关系。我们只能由 A→B 得出 A 与 B 有明显同时发生的情况,但并不意味着 A 是因,B 是果。

2. 关联分析的过程

了解了上述概念之后,关联分析的过程其实非常简单,主要可以划分为两个阶段。

(1) 从全部项集中筛选出所有支持度大于指定预置的频繁项集。

(2) 建立不相交的频繁项集间的关联规则,然后通过置信度和提升度筛选出具有指导意义的强规则。

只筛选出频繁项集的原因是：对全部项集进行置信度和提升度的计算会是一个非常庞大的工程，耗费计算时间太长，为了提升算法效率，我们需要有针对性的产生关联规则。对于关联分析来说，一般认为出现频率高，也就是支持度高的项集更具备分析价值，所以我们选择筛选出频繁项集进行关联分析。

10.1.2 Apriori

即使我们通过筛选频繁项集的方式降低了关联分析算法的复杂度，但仅仅是生成全部项集，并计算其支持度已经是一个非常耗时的操作了。考虑一个包含 n 项的数据集，这个数据集的全部项集应该有

$$\text{Count} = \sum_{i=1}^{n} \mathrm{C}_n^i = 2^n - 1 \tag{10.3}$$

指数级增长的时间复杂度是我们难以承受的，所以我们需要对项集的生成算法进行优化。

1. Apriori 的核心思想

Apriori 算法采用了基于支持度的剪枝技术来控制候选项集的指数级增长。其核心原理基于一个非常重要的性质：如果一个项集是非频繁的，那么它的所有超集都是非频繁的。这点非常易于证明：

$$\text{support}(A \cup B) = \frac{\text{support\_count}(A \cup B)}{n} \leqslant \frac{\text{support\_count}(A)}{n} = \text{support}(A) \tag{10.4}$$

其中 n 为数据集中的全部记录数。因为 A 的出现次数必然大于或等于 A 的任意超集的出现次数，所以 A 的支持度一定大于或等于它的任意超集的支持度，那么就能得出上述结论。

这意味着，如果我们发现一个项集是非频繁的，那么基于它的所有的超集也必然是非频繁的，我们没有必要再去生成这些超集，并计算支持度。

考虑一个包含{1,2,3,4}四项元素的数据集，生成全部项集时总共需要生成 15 个项集，如图 10.1 所示。

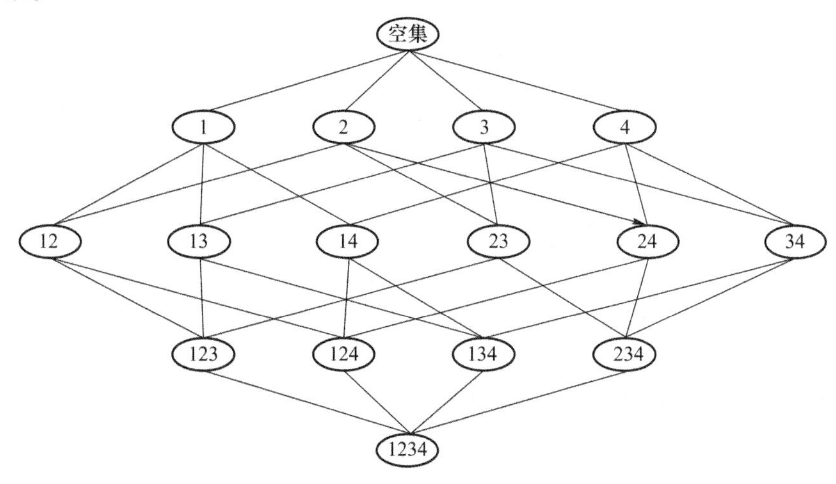

图 10.1　四项元素数据集的全部项集

然而，根据 Apriori 算法的思路，如果我们在生成某个项集时，发现该项集的支持度低于我们设置的阈值，该项集是一个非频繁项集，那么基于这个项集的所有超集就没有必要再去生成。假设计算得出的{1}是非频繁项集，那所需计算的项集如图 10.2 所示。

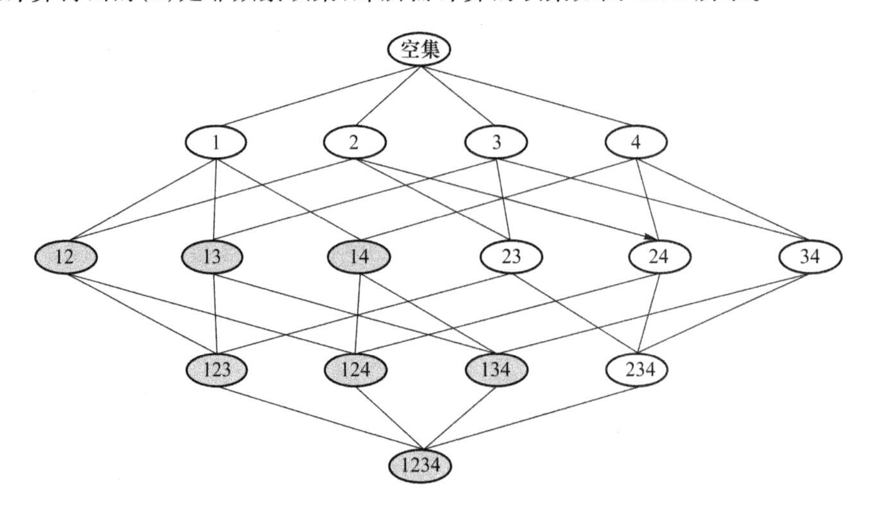

图 10.2　经过剪枝后的全部项集

经过了 Apriori 算法的优化，我们所生成的项集数目为 8，项集数目被大大地减少了。如果{1}、{2}都是非频繁项集，那么我们所生成的项集就只有{1}、{2}、{3}、{4}、{3,4}。

2. Apriori 生成频繁项集的算法流程

Apriori 生成频繁项集的算法流程可以描述如下。

(1) 生成项集大小为 1 的全部项集，计算所有项集的支持度，将低于阈值的非频繁项集剪枝，得到大小为 1 的全部频繁项集。

(2) 以大小为 k-1 的全部频繁项集为基础，互相做并集操作，得到大小为 k 的全部项集，同样进行剪枝操作，得到大小为 k 的全部频繁项集。

(3) 循环执行第 2 步，直到该轮循环得到的新的频繁项集数小于或等于 1，则循环结束。

该算法流程的 Python 实现如下：

```
#剪枝函数，根据最小支持度进行剪枝
def prune(item_sets,data,min_support):
    #计算每一个项集的支持度计数
    support_count = {}
    for record in data:
        for item_set in item_sets:
            if item_set.issubset(record):
                support_count[item_set] = support_count.get(item_set, 0) + 1

    numRecords = float(len(data))
    fre_item_sets = []
    supports = {}
    #计算置信度，并判断项集是否为频繁项集
```

```
    for key in support_count:
        support = support_count[key] / numRecords
        if support >= min_support:
            fre_item_sets.insert(0, key)
        supports[key] = support
    #返回频繁项集和支持度
    return fre_item_sets, supports


#求大小为k-1的项集的大小为k的超集
def union(sub_sets, k):
    #求所有k-1的项集的两两并集
    union_sets = [s1|s2 for s1 in sub_sets for s2 in sub_sets]
    #去重,保留大小为k的项集
    k1_sets = list(set(filter(lambda s:len(s)==k,union_sets)))
    return k1_sets

#apriori算法
def apriori(data,min_support=0.03):
    #将每一条记录转化成为集合类型
    data = list(map(set, data))
    #求大小为1的项集
    item_sets_1=set([frozenset([i]) for row in data for i in row])
    #对大小为1的项集进行剪枝
    fre_item_sets_1,supports=prune(item_sets_1,data,min_support)

    fre_item_sets = [fre_item_sets_1]
    k = 2

    #循环生成超集
    while (len(fre_item_sets[k-2]) > 1):
        item_sets_k = union(fre_item_sets[k-2], k)
        fre_item_sets_k,support_k=prune(item_sets_k,data,min_support)
        supports.update(support_k)
        if fre_item_sets_k!=[]:
            fre_item_sets.append(fre_item_sets_k)
        else:
            break
        k += 1
```

```
    #返回频繁项集及支持度
    return fre_item_sets, supports
```

编写一个简单数据集，执行该程序：

```
from Apriori import apriori

data = [[1,2,3],[1,2,4],[4,5],[1,4,5],[2,5],[1,4]]
fre_item_sets,supports = apriori(data)
print(fre_item_sets)
```

3. 生成强关联规则的算法流程

强关联规则最简单的生成方式就是建立起所有不相交项集间的关联规则，计算关联规则的置信度，大于指定阈值的就是强关联规则，具体实施如下：

```
#输入参数为全部频繁项集、支持度、最小置信度，输出所有强规则
def strong_rules_gen(fre_item_sets, support_data, min_conf):

    #定义一个列表保存强规则
    strong_rules = []

    #循环次数为最大项集的大小，每次循环建立起大小为 i 的项集与其他不相交项集
      对应关系
    for i in range(0, len(fre_item_sets) - 1):
    #遍历全部大小为 i 的项集
        for sub_set in fre_item_sets[i]:
            #展开高于一维的列表
            if i < len(fre_item_sets) - 2:
                super_sets = [item for item_k in fre_item_sets[i + 1:len(fre_
                item_sets)] for item in item_k ]
            else:
                super_sets = fre_item_sets[i + 1]
            #遍历所有大小大于 i 的项集
            for supper_set in super_sets:
                #如果 sub_set 是 super_set 的子集则可以建立 supper_set - sub_
                  set => sub_set 的关联规则并衡量规则是否为强规则
                if sub_set.issubset(supper_set):
                    confidence = support_data[supper_set] / support_data[sup-
                    per_set - sub_set]
                    strong_rule = (supper_set - sub_set, sub_set, confidence)
                    if confidence >= min_conf and strong_rule not in strong_rules:
```

```
                        print(supper_set - sub_set, " =>", sub_set, "conf: ",
                        confidence)
                        strong_rules.append(strong_rule)
    return strong_rules
```

执行频繁项集生成及规则生成程序：

```
from Apriori import apriori
from Rule import strong_rules_gen

data = [[1,2,3],[1,2,4],[4,5],[1,4,5],[2,5],[1,4]]
fre_item_sets,supports = apriori(data)
strong_rules = strong_rules_gen(fre_item_sets,supports,0.5)
print(fre_item_sets)
```

在上述方法中，为了发现强规则，我们生成了所有的关联规则，事实上，关联规则的生成可以像频繁项集生成一样进行剪枝。

对于频繁项集{1,2,3,4}，它所有的子集应当都是频繁的，所以可以生成的关联规则如图 10.3 所示。

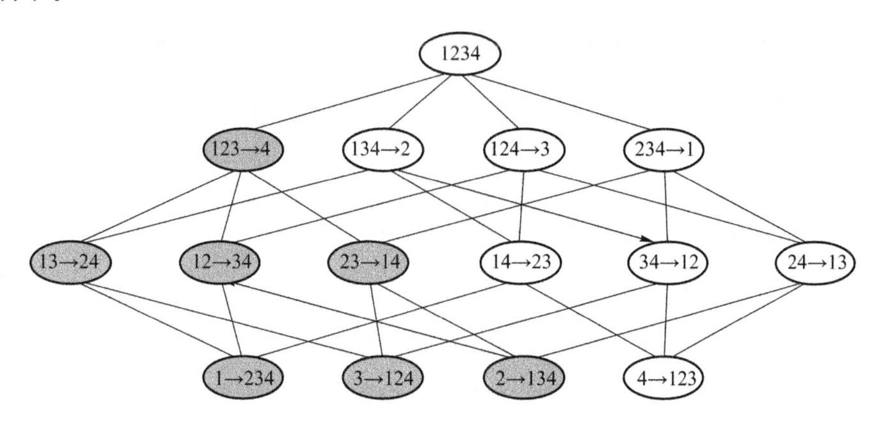

图 10.3　基于{1,2,3,4}生成的关联规则

如果{1,2,3}→{4}是低置信度的，那么在这个关联规则树里，所有{4}在右侧的关联规则都是低置信度的。

因为类似于频繁项集生成时的剪枝，关联规则生成时，也有相似性质：如果一条规则 $A \rightarrow B$ 的置信度为 c，那么对于所有关联规则 $X \rightarrow Y$，如果 $B \in Y$，那么 $X \rightarrow Y$ 的置信度小于或等于 c。可以证明如下：

$$\text{confidence}(X \Rightarrow Y)=\frac{\text{support\_count}(X \cup Y)}{\text{support\_count}(X)}=\frac{\text{support\_count}(A \cup B)}{\text{support\_count}(X)} \tag{10.5}$$

因为 X 的支持度计数大于或等于 A 的支持度计数，所以

$$\frac{\text{support\_count}(A \cup B)}{\text{support\_count}(X)}<\frac{\text{support\_count}(A \cup B)}{\text{support\_count}(A)}=\text{confidence}(A \Rightarrow B) \tag{10.6}$$

因此在进行强规则生成过程中我们也可以利用剪枝的方法减少生成的规则数目。

此外，在强规则的评价过程中，我们还可以引入提升度指标，使得得到的规则更加有指导

意义。相关代码读者可以自行尝试实现一下。

4. Apriori 算法的优缺点

优点:通过剪枝可产生相对较小的候选集。

缺点:重复遍历全部数据在数据集较大时是一个非常大的开销。

10.2 实际应用

10.2.1 Groceries 数据集

Groceries 数据集是某个杂货店一个月真实的交易记录,共有 9 835 条消费记录、169 个商品。该数据集结构非常简单,每一行就是一条消费记录,每一条消费记录由一个或多个商品组成。我们首先加载该数据集,然后进行初步的数据分析。数据格式如图 10.4 所示。

```
citrus fruit,semi-finished bread,margarine,ready soups
tropical fruit,yogurt,coffee
whole milk
pip fruit,yogurt,cream cheese ,meat spreads
other vegetables,whole milk,condensed milk,long life bakery product
whole milk,butter,yogurt,rice,abrasive cleaner
rolls/buns
other vegetables,UHT-milk,rolls/buns,bottled beer,liquor (appetizer)
pot plants
whole milk,cereals
tropical fruit,other vegetables,white bread,bottled water,chocolate
citrus fruit,tropical fruit,whole milk,butter,curd,yogurt,flour,bottled water,dishes
beef
frankfurter,rolls/buns,soda
```

图 10.4　Groceries 数据集格式

我们首先将数据集导入为二维列表,二维列表中的每一个子列表就是一条购物记录。

```
with open('Groceries.csv','rt') as raw_data:
    data = []
    for line in raw_data:
        data.append(line.replace('\n','').split(','))
```

生成的数据如图 10.5 所示。

```
▼ data = {list} <class 'list'>: [['citrus fruit', 'semi-finished bread', 'margarine', 'ready soups'], ['tropical fruit', 'yogurt', 'coffee'], ['whole milk'],
  ▶ 0000 = {list} <class 'list'>: ['citrus fruit', 'semi-finished bread', 'margarine', 'ready soups']
  ▶ 0001 = {list} <class 'list'>: ['tropical fruit', 'yogurt', 'coffee']
  ▶ 0002 = {list} <class 'list'>: ['whole milk']
  ▶ 0003 = {list} <class 'list'>: ['pip fruit', 'yogurt', 'cream cheese ', 'meat spreads']
  ▶ 0004 = {list} <class 'list'>: ['other vegetables', 'whole milk', 'condensed milk', 'long life bakery product']
```

图 10.5　载入后的 Groceries 数据集

10.2.2 关联分析

调用我们前面实现的Apriori关联分析代码，对Groceries数据集进行分析。我们将支持度阈值设置为0.01，将置信度阈值设置为0.5。

```
from Apriori import apriori
from Rule import strong_rules_gen

fre_item_sets,supports = apriori(data,min_support = 0.01)
strong_rules = strong_rules_gen(fre_item_sets,supports,0.5)

#基于置信度从高到低对关联规则进行排序
strong_rules.sort(key = lambda x:x[2],reverse = True)
for strong_rule in strong_rules:
    print(set(strong_rule[0])," = >",set(strong_rule[1]),"conf:",round(strong_
rule[2],4))
```

得到输出结果如下：

```
{'citrus fruit','root vegetables'} = > {'other vegetables'} conf: 0.5862
{'tropical fruit','root vegetables'} = > {'other vegetables'} conf: 0.5845
{'curd','yogurt'} = > {'whole milk'} conf: 0.5824
{'other vegetables','butter'} = > {'whole milk'} conf: 0.5736
{'tropical fruit','root vegetables'} = > {'whole milk'} conf: 0.57
{'root vegetables','yogurt'} = > {'whole milk'} conf: 0.563
{'other vegetables','domestic eggs'} = > {'whole milk'} conf: 0.5525
{'whipped/sour cream','yogurt'} = > {'whole milk'} conf: 0.5245
{'rolls/buns','root vegetables'} = > {'whole milk'} conf: 0.523
{'other vegetables','pip fruit'} = > {'whole milk'} conf: 0.5175
{'tropical fruit','yogurt'} = > {'whole milk'} conf: 0.5174
{'other vegetables','yogurt'} = > {'whole milk'} conf: 0.5129
{'whipped/sour cream','other vegetables'} = > {'whole milk'} conf: 0.507
{'rolls/buns','root vegetables'} = > {'other vegetables'} conf: 0.5021
{'yogurt','root vegetables'} = > {'other vegetables'} conf: 0.5
```

可以看出，{'whole milk'}在关联规则右侧出现得非常频繁，似乎大部分商品都能够和它产生强关联，但这个结论未必是可靠的，很可能只是因为{'whole milk'}本身的支持度非常高，从而提升了与它有关的关联规则的置信度。同时，我们用的阈值是较为随意指定的，该阈值设定是否合理以及关联分析结果是否具备指导意义，还需要再对原始数据集进行具体分析。

10.2.3 数据集分析

Groceries 数据集与我们之前进行分析的数据集不同，它不包含直接可供统计分析的数值，需要我们对数据集进行一些计算。我们可以首先对 168 件商品的单项支持度做一个计算，了解每个商品的频繁程度。代码实现如下：

```
with open('Groceries.csv','rt') as raw_data:
    data = []
    for line in raw_data:
        data.append(line.replace('\n','').strip('').split(','))

#用于存储单项支持度的字典
single_support = {}
num_records = len(data)

#计算单项支持度
for record in data:
    for item in record:
        single_support[item] = single_support.get(item,0) + 1/num_records

#按支持度倒序排列
single_support = sorted( single_support.items(),key = lambda x:x[1],reverse = True)

print(single_support)
```

得到结果如下：

```
('whole milk', 0.25551601423486453),
('other vegetables', 0.1934926283680683),
('rolls/buns', 0.18393492628367675),
('soda', 0.1743772241992852),
...
```

可以看出，正如我们所预料的，“'whole milk'”和“'other vegetables'”的单项支持度较高，是与它们相关的关联规则较高的主要原因，所以此处我们应该采用提升度来衡量规则强弱。

10.2.4 基于提升度的关联分析

根据前面给出的提升度计算公式，修改关联规则的评价值：

```
confidence = support_data[supper_set] / support_data[supper_set - sub_set]
lift = confidence/support_data[sub_set]
strong_rule = (supper_set - sub_set, sub_set, lift)
```

以提升度为指标，再次运行程序，得到的结果如下：

```
{'whole milk', 'yogurt'} => {'curd'} lift: 3.3723
{'curd'} => {'yogurt', 'whole milk'} lift: 3.3723
{'other vegetables', 'citrus fruit'} => {'root vegetables'} lift: 3.295
{'root vegetables'} => {'other vegetables', 'citrus fruit'} lift: 3.295
{'other vegetables', 'yogurt'} => {'whipped/sour cream'} lift: 3.2671
{'whipped/sour cream'} => {'other vegetables', 'yogurt'} lift: 3.2671
{'tropical fruit', 'other vegetables'} => {'root vegetables'} lift: 3.1448
{'root vegetables'} => {'tropical fruit', 'other vegetables'} lift: 3.1448
{'beef'} => {'root vegetables'} lift: 3.0404
{'root vegetables'} => {'beef'} lift: 3.0404
```

现在我们得到的强关联规则不再都是“'whole milk'”了，并且对于一些规则我们可以很轻松地通过生活常识来找出依据。如“{'beef'} => {'root vegetables'} lift: 3.0404”，显然牛肉和根茎类蔬菜经常搭配一起食用，所以它们之间的提升度较高。同时，我们也可以去找提升度较低的关联规则，从而找出哪些商品间存在互相抑制的作用。

10.3　本章小结

本章介绍了关联分析及其经典实现 Apriori 算法。通过对 Apriori 算法原理的阐述、样例的演示，我们最终实现了 Apriori 算法。同时，我们基于 Groceries 数据集进行了实战演练，掌握了关联分析的基本方法。

第 11 章　PCA 降维

机器学习的任务通常都是针对数据进行分析，寻找规律，但有时数据的维度过高，会造成维数灾难。并且数据有时在很多特征维度上分布得很稀疏，包含冗余信息、噪音点，这在实际应用中会产生误差，降低准确率。同时高维度的数据难以直观地展示，因此在很多算法中，对数据进行降维成为预处理的一部分。降维是指采用某种映射方法，将高维空间中的数据点映射到低维空间中。

本章给大家介绍的是 PCA（Principal Component Analysis）技术，即主成分分析技术。PCA 把具有相关性的高维数据转换成线性无关的低维数据，是丢失原始数据信息最少的一种线性降维方式。

11.1　降维思路

我们从可以直观展示的二维数据入手，假设原始数据是二维的，现在需要将数据从二维降到一维。现有两种选择坐标轴的方式，如图 11.1 和图 11.2 所示。

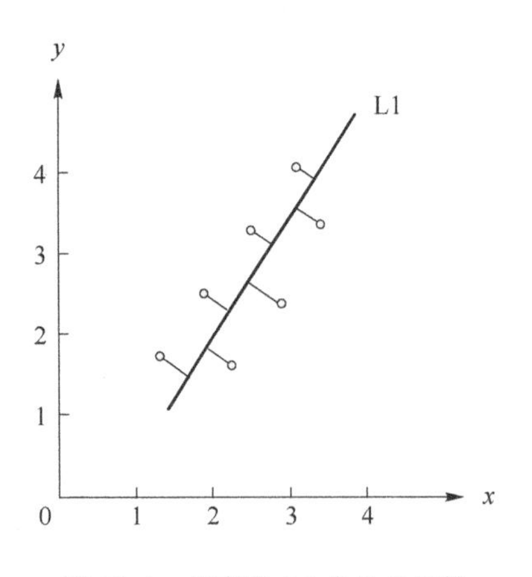

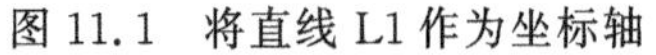
图 11.1　将直线 L1 作为坐标轴

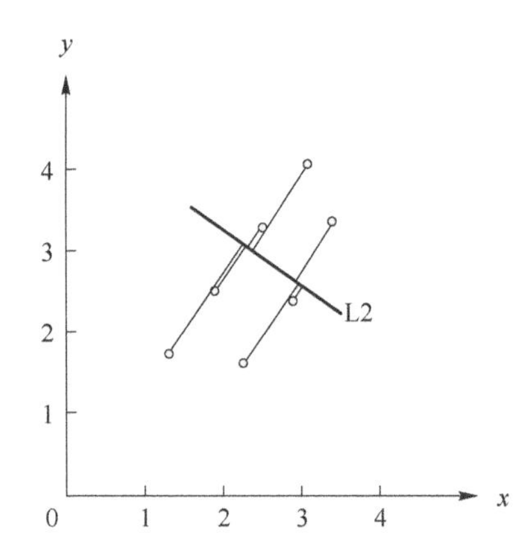

图 11.2　将直线 L2 作为坐标轴

可以发现在 L1 方向上，数据分开得更明显，在 L2 方向上分布的数据很密集。实际上，数据越紧密，那么模型越难将不同的种类区分开，所以降维时，我们选择数据最发散的方向，即方差最大的方向。

11.2　PCA 思路

PCA 通过线性变换把数据变换到一个新的坐标系中。将数据投影方差最大的方向作为第一个新坐标轴，用来提取数据的第一个主成分。将与第一个坐标轴正交，且具有最大投影方差的方向作为第二个新坐标轴，用来提取数据的第二个主成分，依次类推。只保留前面 k 个含有绝大部分方差的坐标轴，后面的坐标轴所含的方差很小，可以忽略。

那么如何得到这些包含最大方差的主成分方向呢？

通过数据集的协方差矩阵（Covariance Matrix）及其特征值分析，可以求得这些主成分的值。

具体方法如下。

(1) 通过计算，得到数据的协方差矩阵。

(2) 求协方差矩阵的特征值和特征向量。

(3) 选择特征值最大的 k 个特征，将其对应的特征向量组成矩阵。用这个矩阵将数据转换到新的空间中，实现数据特征的降维。

11.3　数学基础

11.3.1　方差

协方差（Covariance）用于度量两个变量之间的线性相关性程度。

方差（Variance）用来衡量一组数据的离散程度。

公式为

$$S^2 = \frac{1}{n-1}\sum_{i=1}^{n}(x_i-\overline{x})^2 \tag{11.1}$$

11.3.2　协方差

变量 $\boldsymbol{X}$ 与变量 $\boldsymbol{Y}$ 的协方差 $\mathrm{Cov}(\boldsymbol{X},\boldsymbol{Y})$ 定义为

$$\begin{aligned}\mathrm{Cov}(\boldsymbol{X},\boldsymbol{Y}) &= E[(\boldsymbol{X}-E[\boldsymbol{X}])(\boldsymbol{Y}-E[\boldsymbol{Y}])] \\ &= \frac{1}{n-1}\sum_{i=1}^{n}(x_i-\overline{x})(y_i-\overline{y})\end{aligned} \tag{11.2}$$

其中，$E[\boldsymbol{X}]$ 是 $\boldsymbol{X}$ 的期望值，即均值；n 为样本特征数。

$\mathrm{Cov}(\boldsymbol{X},\boldsymbol{X})$ 就是 $\boldsymbol{X}$ 的方差。

如果两个变量的变化趋势一致，那么两个变量之间的协方差就是正值。如果两个变量的变化趋势相反，那么两个变量之间的协方差就是负值。协方差为 0 时，两个变量不相关。

设 $\boldsymbol{X}=(\boldsymbol{X}_1,\boldsymbol{X}_2,\cdots,\boldsymbol{X}_N)^{\mathrm{T}}$，称矩阵

$$\boldsymbol{C}=(c_{ij})_{n\times n}=\begin{pmatrix} c_{11} & c_{12} & \cdots & c_{1n} \\ c_{21} & c_{22} & \cdots & c_{2n} \\ \vdots & \vdots & & \vdots \\ c_{n1} & c_{n2} & \cdots & c_{nn} \end{pmatrix} \tag{11.3}$$

为 $\boldsymbol{X}$ 的协方差矩阵，其中

$$c_{ij}=\mathrm{Cov}(\boldsymbol{X}_i,\boldsymbol{X}_j),\quad i,j=1,2,\cdots,n \tag{11.4}$$

为 $\boldsymbol{X}$ 的分量 $\boldsymbol{X}_i$ 和 $\boldsymbol{X}_j$ 的协方差。

11.3.3 特征值分解

矩阵乘法都对应一个线性变换，在这个变换的过程中，原向量发生了旋转、伸缩。

如果矩阵对某个向量只发生伸缩变换，没有旋转，那么这个向量称为这个矩阵的特征向量，伸缩的比例就是特征值。

如果向量 $\boldsymbol{X}$ 是方阵 $\boldsymbol{A}$ 的特征向量，则一定满足

$$\boldsymbol{AX}=\lambda\boldsymbol{X} \tag{11.5}$$

其中，λ 是特征向量 $\boldsymbol{X}$ 对应的特征值。

特征值分解是将矩阵分解为由其特征值和特征向量表示的矩阵之积的方法。将矩阵 $\boldsymbol{A}$ 分解成

$$\boldsymbol{A}=\boldsymbol{Q\Sigma Q}^{-1} \tag{11.6}$$

其中，$\boldsymbol{Q}$ 是 $\boldsymbol{A}$ 的特征向量组成的矩阵；$\boldsymbol{\Sigma}$ 是对角矩阵，对角线上的元素为特征值，并且这些特征值由大到小排列。

特征值分解可以得到特征值与特征向量，特征值表示的是这个特征到底有多重要，而特征向量表示这个特征是什么。

矩阵 $\boldsymbol{A}$ 为高维时，我们通过特征值分解得到前 k 个特征向量，其对应了这个矩阵最主要的 k 个变化方向。我们利用前 k 个变化方向近似这个矩阵。

11.4 PCA 的实现步骤

在 PCA 算法中，为了方便运算，我们将每个特征的均值都转化为 0，因此方差可以直接用每个特征的平方和表示：

$$S^2=\frac{1}{n-1}\sum_{i=1}^{n}x_i{}^2 \tag{11.7}$$

样本 $\boldsymbol{X}$ 与样本 $\boldsymbol{Y}$ 的协方差 $\mathrm{Cov}(\boldsymbol{X},\boldsymbol{Y})$ 此时为

$$\begin{aligned}\mathrm{Cov}(\boldsymbol{X},\boldsymbol{Y}) &= \frac{1}{n-1}\sum_{i=1}^{n}(x_i-\overline{x})(y_i-\overline{y}) \\ &= \frac{1}{n-1}\sum_{i=1}^{n}x_i y_i\end{aligned} \tag{11.8}$$

其中，$\sum_{i=1}^{n}x_i y_i$ 为样本 $\boldsymbol{X}$ 与样本 $\boldsymbol{Y}$ 的内积形式。

针对前面讲过的特征值分解和奇异值分解,PCA算法的实现步骤如下。

(1) 将数据集 $\boldsymbol{X}=(\boldsymbol{X}_1,\boldsymbol{X}_2,\cdots,\boldsymbol{X}_N)$降维。

(2) 将每一维特征减各自的平均值,进行去中心化。

(3) 计算协方差矩阵 $\boldsymbol{X}\boldsymbol{X}^{\mathrm{T}}$。

(4) 求 $\boldsymbol{X}\boldsymbol{X}^{\mathrm{T}}$ 的特征值和特征向量。

(5) 取最大的 k 个特征值对应的特征向量,将这些特征向量作为行向量形成矩阵 $\boldsymbol{W}$,$\boldsymbol{W}\boldsymbol{X}$ 即为数据集 $\boldsymbol{X}$ 降维后的数据集。

11.5 实际应用

11.5.1 PCA类介绍

在Python语言的sklearn库中,可以使用sklearn. decomposition. PCA加载PCA进行降维。

对于PCA类的构造函数,其参数介绍如表11.1所示。

表11.1　PCA类的构造函数的参数介绍

参　数	含　义
n_components	主成分个数,也就是保留下来的特征个数
copy	True或False,表示在运行时,是否将原始训练数据复制一份

PCA类的对象常用方法如表11.2所示。

表11.2　PCA类的对象常用方法

函数名	功　能
fit(X)	用数据 X 来训练PCA模型
fit_transform(X)	用 X 来训练PCA模型,同时返回降维后的数据
transform(X)	将数据 X 转换成降维后的数据。当模型训练好后,对于新输入的数据,都可以用transform方法来降维

11.5.2 小试牛刀

假设有数据集 $\boldsymbol{X}=\begin{pmatrix}-5 & -3 & -2 & 0 & 1 & 2 & 3 & 4\\ 0 & 2 & -3 & 4 & -2 & 3 & -4 & 0\end{pmatrix}$,$\boldsymbol{X}$ 中有8个特征点,每个特征点有两个属性值,现在采用PCA算法,将数据集 $\boldsymbol{X}$ 降到一维。

$\boldsymbol{X}$ 中的每行均值已经为0,为了方便计算,先求协方差矩阵。

$$C=\begin{pmatrix}-5 & -3 & -2 & 0 & 1 & 2 & 3 & 4\\ 0 & 2 & -3 & 4 & -2 & 3 & -4 & 0\end{pmatrix}\begin{pmatrix}-5 & 0\\ -3 & 2\\ -2 & -3\\ 0 & 4\\ 1 & -2\\ 2 & 3\\ 3 & -4\\ 4 & 0\end{pmatrix}=\begin{pmatrix}68 & -8\\ -8 & 58\end{pmatrix} \tag{11.9}$$

下一步，求协方差矩阵$\begin{pmatrix}68 & -8\\ -8 & 58\end{pmatrix}$的特征值与特征向量。经计算，特征值为$\lambda_1\approx 72.43$，$\lambda_2\approx 53.57$。对应的标准化后的特征向量分别为$\boldsymbol{C}_1\approx\begin{pmatrix}0.87\\ -0.48\end{pmatrix}$，$\boldsymbol{C}_2\approx\begin{pmatrix}0.48\\ 0.87\end{pmatrix}$。因为将数据降成一维，所以只选择一个特征值及其对应的特征向量。特征值λ_1最大，所以用向量$\boldsymbol{C}_1\approx\begin{pmatrix}0.87\\ -0.48\end{pmatrix}$进行线性转换。

降维后的数据为

$$\begin{aligned}\text{PCA\_X} &= (0.87 \quad -0.48)\begin{pmatrix}-5 & -3 & -2 & 0 & 1 & 2 & 3 & 4\\ 0 & 2 & -3 & 4 & -2 & 3 & -4 & 0\end{pmatrix}\\ &= (-4.35 \quad -3.57 \quad -0.3 \quad -1.92 \quad 1.83 \quad 0.3 \quad 4.53 \quad 3.48)\end{aligned} \tag{11.10}$$

代码验证：

```
#特征
X = [[-5, 0],
     [-3, 2],
     [-2, -3],
     [0, 4],
     [1, -2],
     [2, 3],
     [3, -4],
     [4, 0]]

#导入绘图库
import matplotlib.pyplot as plt

#显示最初的数据点
for i in range(len(X)):
    plt.scatter(X[i][0], X[i][1], c='r', marker='*', s=100)

import numpy as np

#求转置
```

```
transX = np.transpose(X)
#协方差
covariance = np.dot(transX, X)

#计算特征值和特征向量
eigenValue, featureVector = np.linalg.eig(covariance)

# #验证特征值和特征向量
# print("验证:",eigenValue[0] * featureVector[:,0])
# print("验证:",np.dot(covariance,featureVector[:,0]))

value = np.around(eigenValue[0], decimals = 2)
print("最大特征值:", value)
vector = np.around(featureVector[:, 0], decimals = 2)
print("对应特征向量:", vector)
#特征点在降维后一维坐标系中的位置,保留两位小数
new_pos = np.around(np.dot(featureVector[:, 0], transX), decimals = 2)
print("降维后的位置:", new_pos)

#显示降维后的数据点的位置
for i in range(len(new_pos)):
    #斜边 new_pos[i],三角形直角边比例 vector
    #特征向量已经标准化,横纵坐标根据比例直接旋转即可
paintX = new_pos[i] * vector[0]
paintY = new_pos[i] * vector[1]
plt.scatter(paintX, paintY, c = 'b', marker = 'x', s = 50)
    #将原坐标点与新坐标点用虚线进行连线
    # plot(横坐标, 纵坐标, 线参数)
plt.plot([X[i][0], paintX], [X[i][1], paintY], "--")

#横坐标 X 经过特征向量平移之后的状态。
x = np.linspace( - 5, 5, 10)
#横坐标 X 上的点,纵坐标为 0,计算经过线性变换后新的 Y 值
newY = featureVector[1][0] * x / featureVector[0][0]
#画出新的一维坐标系
plt.plot(x, newY)
#横坐标范围
plt.xlim( - 6, 6)
#纵坐标范围
plt.ylim( - 6, 6)
```

```
#将坐标系横纵比例设置成 1:1
plt.gca().set_aspect('equal', adjustable='box')
plt.show()

#导入 PCA 算法
from sklearn.decomposition import PCA

# PCA 算法验证,维后的维数为 1
pca = PCA(n_components=1)
#对原始数据特征进行降维
pca_X = pca.fit_transform(X)
print("PCA 算法验证结果:", np.around(np.transpose(pca_X), decimals=2))
```

结果如图 11.3 和图 11.4 所示。

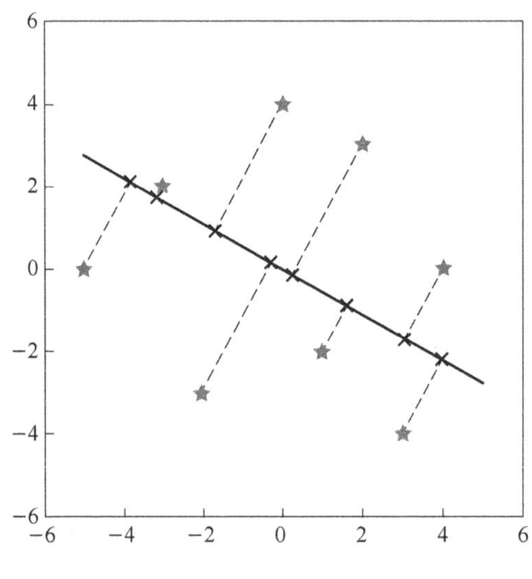

图 11.3　降维效果展示

```
最大特征值: 72.43
对应特征向量: [ 0.87 -0.48]
降维后的位置: [-4.37 -3.59 -0.29 -1.94  1.84  0.29  4.56  3.5 ]
PCA算法验证结果: [[-4.37 -3.59 -0.29 -1.94  1.84  0.29  4.56  3.5 ]]
```

图 11.4　降维后的数据信息

从上面的结果可以看出,二维坐标中的数据已经降成一维,在新坐标系内,数据点被分开得很明显。

前面手工计算结果为

$$(-4.35 \quad -3.57 \quad -0.3 \quad -1.92 \quad 1.83 \quad 0.3 \quad 4.53 \quad 3.48)$$

为了显示方便,在计算过程中进行了四舍五入,保留小数。手工计算结果与程序计算结果一致。

11.5.3　实战演示

鸢尾花数据集的样本有4项特征，本节使用PCA类对象，对鸢尾花数据集进行降维，并将其在二维坐标系中展示。为了检验降维效果，使用前面讲过的朴素贝叶斯分类器，对降维后的数据进行分类。

代码：

```
# 导入自带鸢尾花数据集
from sklearn.datasets import load_iris
# 导入绘图库
import matplotlib.pyplot as plt
# 导入PCA算法
from sklearn.decomposition import PCA

# 加载鸢尾花数据集
data = load_iris()
# 特征
X = data.data

# 类别
Y = data.target

# 加载PCA算法,降维后的维数为2
pca = PCA(n_components = 2)

# 对原始数据特征进行降维
pca_X = pca.fit_transform(X)

# 显示降维后的数据点
for i in range(len(pca_X)):

    if (Y[i] == 0):
        plt.scatter(pca_X[i, 0], pca_X[i, 1], c = 'y', marker = '1', s = 100)
    elif (Y[i] == 1):
        plt.scatter(pca_X[i, 0], pca_X[i, 1], c = 'b', marker = '|', s = 100)
    elif (Y[i] == 2):
        plt.scatter(pca_X[i, 0], pca_X[i, 1], c = 'g', marker = 'x', s = 100)

plt.show()
```

```
# 对于降维后的数据,使用前面讲过的朴素贝叶斯分类器进行分类,检验分类效果
# 随机划分训练集和测试集
from sklearn.model_selection import train_test_split

# 分割初始样本集和测试集
X_train, X_test, Y_train, Y_test = train_test_split(pca_X, Y)

# 高斯型的贝叶斯分类器
from sklearn.naive_bayes import GaussianNB

clf = GaussianNB()

# 用训练样本集进行学习
clf.fit(X_train, Y_train)

# 预测剩余样本
Y_pred = clf.predict(X_test)

# 导入度量类库
from sklearn import metrics

# 显示准确率
print('accuracy:{}'.format(metrics.accuracy_score(Y_test, Y_pred)))
```

结果如图 11.5 所示。

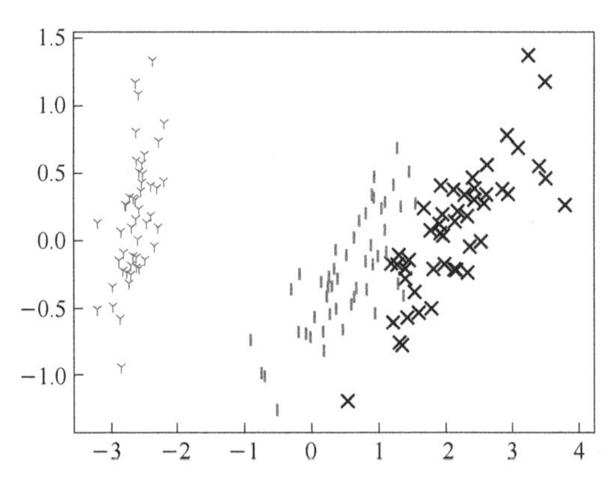

图 11.5　降维后的样本点

识别准确率为

```
accuracy:0.9736842105263158
```

从上面的结果可以看出,降维后的数据仍能够清晰地分成三类。使用朴素贝叶斯分类器进行分类时的识别准确率达到了 97%,这与在前面章节中,使用朴素贝叶斯分类器对降维前

的鸢尾花数据进行分类的识别准确率相同。

11.6　本章小结

除了本章介绍的主成分分析技术外，还有很多技术可以用于数据降维，如因子分析（Factor Analysis）、独立成分分析（Independent Component Analysis，ICA）等技术。大家可以在本章知识的基础上，进一步研究。

PCA 算法的优点：能去除噪声；降低很多算法的计算开销；降低数据的复杂性，保留最重要的多个特征；适合处理大数据集。

PCA 算法的缺点：造成了信息损失。

参 考 文 献

[1] scikit-learn 机器学习. 张浩然,译. 北京 :人民邮电出版社,2019.

[2] 雷明. 机器学习原理、算法与应用. 北京 :清华大学出版社,2019.

[3] 周志华. 机器学习. 北京 :清华大学出版社,2016.

[4] Harrington P. 机器学习实战. 李锐,李鹏,曲亚东,等译. 北京 :人民邮电出版社,2013.

[5] 李航. 统计学习方法. 北京 :清华大学出版社,2019.

[6] Matthes E. Python 编程从入门到实践. 袁国忠,译. 北京 :人民邮电出版社,2020.

[7] 嵩天,礼欣,黄天羽. Python 语言程序设计基础. 2 版. 北京 :高等教育出版社,2017.

[8] 赵卫东,董亮. Python 机器学习实战案例. 北京 :清华大学出版社,2020.

[9] 赵卫东. 机器学习案例实战. 北京 :人民邮电出版社,2019.

[10] Ethem Alpaydin E. 机器学习导论. 范明,译. 北京 :机械工业出版社,2016.

附录 A　线性代数基础

在对机器学习算法的深入研究过程中，线性代数是非常重要的基础。本书不对线性代数进行详细深入的学习，只针对书中算法涉及的线性代数知识简单介绍。未学习过线性代数的读者，建议对线性代数进行系统、完整的学习。

A.1　基本概念

A.1.1　矩阵

将一个 $m\times n$ 个数构成的集合排列成 m 行 n 列的数表，则该数表被称为矩阵。对于一个矩阵

$$\mathbf{A}=(a_{ij})\quad i=1,2,\cdots,m;j=1,2,\cdots,n$$

可以表示为

$$\mathbf{A}=\begin{pmatrix} a_{11} & a_{12} & \cdots & a_{1n} \\ a_{21} & a_{22} & \cdots & a_{2n} \\ \vdots & \vdots & & \vdots \\ a_{m1} & a_{m2} & \cdots & a_{mn} \end{pmatrix}$$

行通常从上到下编号，而列则从左到右编号。

行数与列数都为 n 的矩阵被称为 n 阶矩阵或 n 阶方阵。

A.1.2　三角形矩阵

对于一个方阵

$$\mathbf{A}=(a_{ij})\quad i=1,2,\cdots,n;j=1,2,\cdots,n$$

所有 $i=j$ 的元素被称为对角线元素，如果这条对角线一侧元素都为 0，另一侧不全为 0，则该方阵被称为三角形矩阵。一个三角形矩阵示例如下：

$$A=\begin{pmatrix} a_{11} & a_{12} & a_{13} & a_{14} \\ 0 & a_{22} & a_{23} & a_{24} \\ 0 & 0 & a_{33} & a_{34} \\ 0 & 0 & 0 & a_{44} \end{pmatrix}$$

A.1.3 单位矩阵

对于一个 n 阶方阵，如果只有对角线元素不为 0，其余元素全部为零，则该方阵被称为对角矩阵，如

$$A=\begin{pmatrix} a_{11} & 0 & 0 & 0 \\ 0 & a_{22} & 0 & 0 \\ 0 & 0 & a_{33} & 0 \\ 0 & 0 & 0 & a_{44} \end{pmatrix}$$

如果对角元素全部相等且为 1，则该方阵被称为单位矩阵，如

$$A=\begin{pmatrix} 1 & 0 & 0 & 0 \\ 0 & 1 & 0 & 0 \\ 0 & 0 & 1 & 0 \\ 0 & 0 & 0 & 1 \end{pmatrix}$$

A.1.4 零矩阵

当一个矩阵所有元素都为 0 时，该矩阵被称为零矩阵。需要注意，行列数不等的两个零矩阵是不同的。

A.2 矩阵运算

A.2.1 矩阵加法

对于两个行列数相同的矩阵 $A=(a_{ij})$ 和 $B=(b_{ij})$，两者相加的结果为两个矩阵每个对应位置上的元素相加：

$$A+B=\begin{pmatrix} a_{11}+b_{11} & a_{12}+b_{12} & \cdots & a_{1n}+b_{1n} \\ a_{21}+b_{21} & a_{22}+b_{22} & \cdots & a_{2n}+b_{2n} \\ \vdots & \vdots & & \vdots \\ a_{m1}+b_{m1} & a_{m2}+b_{m2} & \cdots & a_{mn}+b_{mn} \end{pmatrix}$$

矩阵的加法应当满足交换律，即

$$A+B=B+A$$

矩阵的加法应当满足结合律，即

$$(\boldsymbol{A}+\boldsymbol{B})+\boldsymbol{C}=\boldsymbol{A}+(\boldsymbol{B}+\boldsymbol{C})$$

A.2.2　矩阵减法

类似于矩阵加法，对于两个行列数相同的矩阵 $\boldsymbol{A}=(a_{ij})$ 和 $\boldsymbol{B}=(b_{ij})$，两者相减的结果为两个矩阵每个对应位置上的元素相减：

$$\boldsymbol{A}+\boldsymbol{B}=\begin{pmatrix} a_{11}-b_{11} & a_{12}-b_{12} & \cdots & a_{1n}-b_{1n} \\ a_{21}-b_{21} & a_{22}-b_{22} & \cdots & a_{2n}-b_{2n} \\ \vdots & \vdots & & \vdots \\ a_{m1}-b_{m1} & a_{m2}-b_{m2} & \cdots & a_{mn}-b_{mn} \end{pmatrix}$$

注意，矩阵的加法和减法都必须在两个矩阵行列数完全相同的情况下进行。

A.2.3　矩阵与数相乘

一个数 λ 与矩阵 $\boldsymbol{A}$ 相乘的结果为矩阵中每个元素 a_{ij} 都乘以 λ：

$$\lambda\boldsymbol{A}=\boldsymbol{A}\lambda=\begin{pmatrix} \lambda a_{11} & \lambda a_{12} & \cdots & \lambda a_{1n} \\ \lambda a_{21} & \lambda a_{22} & \cdots & \lambda a_{2n} \\ \vdots & \vdots & & \vdots \\ \lambda a_{m1} & \lambda a_{m2} & \cdots & \lambda a_{mn} \end{pmatrix}$$

矩阵与数的乘法除了交换律和结合律外，还应满足分配率，即

$$\lambda(\boldsymbol{A}+\boldsymbol{B})=\lambda\boldsymbol{A}+\lambda\boldsymbol{B}$$

A.2.4　矩阵与矩阵相乘

对于一个 m 行 k 列的矩阵 $\boldsymbol{A}$ 和一个 k 行 n 列的矩阵 $\boldsymbol{B}$，$\boldsymbol{A}\times\boldsymbol{B}$ 的结果是一个 m 行 n 列的矩阵 $\boldsymbol{C}$，对于 $\boldsymbol{C}$ 中的每一个元素 c_{ij} 有

$$c_{ij}=a_{i1}b_{1j}+a_{i1}b_{1j}+\cdots+a_{ik}b_{kj}$$

注意，只有当矩阵 $\boldsymbol{A}$ 的列数与矩阵 $\boldsymbol{B}$ 的行数相等时才能够进行 $\boldsymbol{A}\times\boldsymbol{B}$ 运算。

显然，大部分情况下，矩阵与矩阵的乘法并不满足交换律，即：

$$\boldsymbol{A}\times\boldsymbol{B}\neq\boldsymbol{B}\times\boldsymbol{A}$$

如果两个 n 阶方阵相乘时 $\boldsymbol{A}\times\boldsymbol{B}$ 与 $\boldsymbol{B}\times\boldsymbol{A}$ 相等，那么称 $\boldsymbol{A}$ 和 $\boldsymbol{B}$ 是可交换的。

A.2.5　矩阵转置

对于一个 m 行 n 列的矩阵 $\boldsymbol{A}$，把 $m\times n$ 矩阵 $\boldsymbol{A}$ 的行换成同序数的列，得到一个 $n\times m$ 矩阵，此矩阵叫作 $\boldsymbol{A}$ 的转置矩阵，记做 $\boldsymbol{A}^{\mathrm{T}}$。

例如，对于矩阵

$$\boldsymbol{A}=\begin{pmatrix} a_{11} & a_{12} & \cdots & a_{1n} \\ a_{21} & a_{22} & \cdots & a_{2n} \\ \vdots & \vdots & & \vdots \\ a_{m1} & a_{m2} & \cdots & a_{mn} \end{pmatrix}$$

其转置矩阵为

$$\boldsymbol{A}^{\mathrm{T}}=\begin{pmatrix} a_{11} & a_{21} & \cdots & a_{m1} \\ a_{12} & a_{22} & \cdots & a_{m2} \\ \vdots & \vdots & & \vdots \\ a_{1n} & a_{2n} & \cdots & a_{mn} \end{pmatrix}$$

对于一个 n 阶方阵 $\boldsymbol{A}$，如果 $\boldsymbol{A}^{\mathrm{T}}=\boldsymbol{A}$，则称 $\boldsymbol{A}$ 为对称矩阵。

A.3 逆 矩 阵

A.3.1 逆矩阵的定义

对于两个 n 阶方阵 $\boldsymbol{A}$ 和 $\boldsymbol{B}$，如果有

$$\boldsymbol{A}\times\boldsymbol{B}=\boldsymbol{B}\times\boldsymbol{A}$$

则矩阵 $\boldsymbol{A}$ 是可逆的，且 $\boldsymbol{B}$ 是 $\boldsymbol{A}$ 的逆矩阵，我们将 $\boldsymbol{A}$ 的逆矩阵记做$\boldsymbol{A}^{-1}$。

如果矩阵 $\boldsymbol{A}$ 是可逆的，则其逆矩阵是唯一的。

A.3.2 代数余子式

在 n 阶行列式 $|\boldsymbol{A}|$ 中，将第 i 行与第 j 列元素划去，得到一个新的 $n-1$ 阶行列式M_{ij}，则该行列式称为元素a_{ij}的余子式，而代数余子式为

$$A_{ij}=(-1)^{i+j}M_{ij}$$

A.3.3 伴随矩阵

行列式 $|\boldsymbol{A}|$ 各个元素的代数余子式A_{ij}所构成的矩阵

$$\boldsymbol{A}^{*}=\begin{pmatrix} A_{11} & A_{21} & \cdots & A_{n1} \\ A_{12} & A_{22} & \cdots & A_{n2} \\ \vdots & \vdots & & \vdots \\ A_{1n} & A_{2n} & \cdots & A_{nn} \end{pmatrix}$$

被称之为矩阵 $\boldsymbol{A}$ 的伴随矩阵。

A.3.4 矩阵求逆

若矩阵 $\boldsymbol{A}$ 是可逆的，则矩阵 $\boldsymbol{A}$ 的行列式 $|\boldsymbol{A}|\neq 0$。

则矩阵 $\mathbf{A}$ 可通过如下公式求解：

$$\mathbf{A}^{-1}=\frac{1}{|\mathbf{A}|}\mathbf{A}^{*}$$

A.4 矩阵初等变换

矩阵初等变换由矩阵行初等变换和矩阵列初等变换组成。

A.4.1 矩阵行初等变换

(1) 交换矩阵的两行(对换 i,j 两行,记为$r_i \leftrightarrow r_j$)。

(2) 以一个非零数 λ 乘矩阵某一行的所有元素(第 i 行乘以 λ,记为$r_i \times \lambda$)。

(3) 把矩阵的某一行所有元素乘以一个数 λ 后加到另一行对应的元素(第 j 行乘以 λ 加到第 i 行记为$r_i + r_j \times \lambda$)。

A.4.2 矩阵列初等变换

把矩阵的行初等变换中的“行”都换成“列”,即得到矩阵的列初等变换。

(1) 交换矩阵的两列(对换 i,j 两列,记为$c_i \leftrightarrow c_j$)。

(2) 以一个非零数 λ 乘矩阵的某一列所有元素(第 i 列乘以 λ 记为$c_i \times \lambda$)。

(3) 把矩阵的某一列所有元素乘以一个数 λ 后加到另一列对应的元素(第 j 列乘以 λ 加到第 i 列,记为$c_i + c_j \times \lambda$)。

A.5 向　　量

A.5.1 向量的定义

只有一行或一列的矩阵被称为向量,其中,只有一行的矩阵被称为行向量,如

$$\mathbf{A}=(a_1,a_2\cdots,a_n)$$

只有一列的矩阵被称为列向量,如

$$\mathbf{A}=\begin{pmatrix} a_1 \\ a_2 \\ \vdots \\ a_n \end{pmatrix}$$

A.5.2 向量的内积

对于两个 n 维向量

$$\boldsymbol{A}=\begin{pmatrix}a_1\\a_2\\\vdots\\a_n\end{pmatrix},\quad \boldsymbol{B}=\begin{pmatrix}b_1\\b_2\\\vdots\\b_n\end{pmatrix}$$

有

$$\boldsymbol{A}\cdot\boldsymbol{B}=a_1b_1+a_2b_2+\cdots+a_nb_n$$

$\boldsymbol{A}\cdot\boldsymbol{B}$ 被称为向量 $\boldsymbol{A}$ 与 $\boldsymbol{B}$ 的内积。

当向量 $\boldsymbol{A}$ 与 $\boldsymbol{B}$ 的内积为 0 时，我们称向量 $\boldsymbol{A}$ 与 $\boldsymbol{B}$ 正交。

A.5.3 向量的长度

对于向量 $\boldsymbol{A}$，其长度可以用如下公式计算：

$$\|\boldsymbol{A}\|=\sqrt{\boldsymbol{A}\cdot\boldsymbol{A}}=\sqrt{a_1{}^2+a_2{}^2+\cdots+a_n{}^2}$$

A.5.4 向量的范数

向量长度也被称作向量的 2 范数。

向量的 1 范数可以计算如下：

$$\|\boldsymbol{A}\|_1=|a_1|+|a_2|+\cdots+|a_n|$$

即每个元素的绝对值之和。

推广到向量的 p 范数，有

$$\|\boldsymbol{A}\|_p=\sqrt[p]{|a_1|^p+|a_2|^p+\cdots+|a_n|^p}$$

即对每个元素绝对值的 p 次方求和后再求 p 次方根。

附录B　概率论基础

在对机器学习算法的深入研究过程中，概率论同样是非常重要的基础。本书不对概率论进行详细深入的学习，只是对书中涉及的概率论知识简单介绍。未学习过概率论的读者，建议对概率论进行系统、完整的学习。

B.1　随机实验

随机试验是指在相同条件下对某随机现象进行的大量重复性观测活动。其核心内涵有以下三点。

（1）可以在相同条件下重复实施。

（2）每次试验结果未知，但事先能够明确试验的所有可能结果。

（3）试验结果是随机发生的。

我们将随机试验的所有可能结果称为该试验的样本空间。对于一个典型的随机试验——抛硬币，其样本空间为

$$S:\{正面,反面\}$$

B.2　概　　率

概率是反映随机事件出现的可能性大小的一个实数，该实数应当大于或等于0小于或等于1。在一个随机试验中，事件A发生的概率被记做$P(A)$。

B.3　频　　率

概率是对未发生的随机事件可能性的推断，而频率是对已发生随机事件的统计。

对于一个进行了n次的随机试验，事件A发生的次数为n_A，则事件A发生的频率为该事件发生次数除以总试验次数，即

$$f_A=n_A/n$$

还是以抛硬币为例，很多人做过这个试验，并且得出一个结论：当试验重复次数越多时，正

面与反面出现的频率越趋近于0.5。对于任意随机事件来说，当试验次数足够多时，事件发生的频率会稳定在它的发生概率附近。

所以，我们开始有一个预期，下一次抛硬币时，正面向上的可能性是50%。这是典型的用频率估计概率的统计思想。

B.4 等可能概型

若试验的样本空间中只包含有限个元素且每个基本事件发生的可能性相同，那么这样的试验称为等可能概型。在样本空间大小为 n 的等可能概型中，每个基本事件发生的可能性相同，即每个基本事件发生的概率为

$$P(A_i)=\frac{1}{n} \quad i=1,2,\cdots,n$$

B.5 联合概率

两个事件同时发生的概率被称之为联合概率。当我们抛两次硬币时，事件 A 为第一次硬币正面向上，事件 B 为有反面向上的硬币，则事件 A 和事件 B 的联合概率记为 $P(AB)$。

对于本次试验，样本空间为

$$S:\{正反,正正,反反,反正\}$$

且每个基本时间发生概率相等，故有

$$P(A)=\frac{1}{2}$$

$$P(B)=\frac{3}{4}$$

$$P(AB)=\frac{1}{4}$$

B.6 条件概率

条件概率是指在指定的事件 A 已发生的前提下，事件 B 发生的概率。还是针对 $B.2$ 节中的例子，事件 A 为第一次硬币正面向上，事件 B 为有反面向上的硬币，则在事件 A 发生的条件下，事件 B 发生的概率记做 $P(B|A)$。

在第一次硬币正面向上的条件下，事件 B 发生的概率等价于第二次抛硬币反面向上，显然该事件的发生概率为0.5。

事实上，我们经常通过公式

$$P(B|A)=\frac{P(AB)}{P(A)}$$

来计算条件概率。

B.7　概率的重要性质

(1) $0 \leqslant P \leqslant 1$。

(2) 若事件A_i(其中 $i=1,2,\cdots,n$)是一系列互不相容的时间,则有

$$P(A_1 \cup A_2 \cup \cdots \cup A_n)=P(A_1)+P(A_2)+\cdots+P(A_n)$$

(3) 对于任意两个事件 A 和 B,有

$$P(A \cup B)=P(A)+P(B)$$

B.8　统 计 推 断

参数估计是统计推断的一种,是根据从总体中抽取的随机样本来估计总体分布中未知参数的过程。如果是用一个数值进行估计,则称为点估计;如果估计时给出的是一个很高可信度的区间范围,则称为区间估计。这是机器学习中经常用到的一种统计推断。

常用的参数估计方法有最大似然估计、最小二乘估计、最大后验估计和最小均方误差估计。

假设检验也是统计推断的一种,是用来判断样本与样本、样本与总体的差异是由抽样误差引起还是由本质差别造成的统计推断方法。

附录 C　Python 基础

本书不对 Python 语法进行详细的讲解，只针对书中代码涉及的语法进行简单介绍。有兴趣的读者可以查阅专门的 Python 书籍进行学习。

C.1 变　　量

Python 是一种弱类型的语言，变量在使用前不需要先定义。为一个变量赋值后，则该变量会自动创建。变量的类型由其值的类型决定。例如：

```
a = 123
b = "helloworld"
c = 1.5
```

也可以同时为多个变量赋值。

```
name, age = '小明', 20
```

C.2 注　　释

C.2.1 单行注释

Python 编程语言的单行注释以"#"开头，可以作为单独的一行放在被注释代码行之上，也可以放在语句之后。例如：

```
#定义一个变量，赋值为 3
a = 3
```

C.2.2 多行注释

在Python中，多行注释使用3个单引号或者3个双引号来标记。例如：

```
'''
这是我的第一个python程序
'''
```

C.3 输入、输出

C.3.1 输入

功能：一般的输入都是从键盘接收输入信息。

语法：

```
input([prompt])
```

其中，prompt是一个可选参数，是给用户的提示信息，若不传该参数，则没有提示信息。返回用户输入的信息。例如：

```
name = input("请输入姓名：")
```

C.3.2 输出

功能：将信息输出到屏幕上。

语法：

```
print(info)
```

其中，info是要输出的数据。

例如：

```
print("Hello World!")
```

C.4 数据类型

Python语言常用的内置数据类型有Number(数字)、String(字符串)、List(列表)、Tuple(元组)、Set(集合)、Dictionary(字典)。

下面对Python中特殊的数据类型进行介绍。

C.4.1 List(列表)

列表中可以包含多个元素，且元素类型可以不相同。所有元素都写在中括号“[]”中，每个元素之间用逗号分隔。例如：

```
ls = [1, 2.3, 'abc', False, [3.4, "xyz"], 6.8]
```

通过索引位置访问列表中的一个元素，可以从前向后索引，也可以从后向前索引。

例如：

```
print(ls[1])  # 输出 2.3
print(ls[-1])  # 输出 6.8
```

也可以通过“ls[beg:end]＝x”这种方式修改一个元素或多个元素的值，并且赋值前后列表元素数量允许发生变化。

列表支持切片操作。

“列表名[起 ：止]”表示切片，从列表中切出相应的元素，前闭后开。

“列表名[起 ：止 ：步长]”表示带步长的切片，步长有方向。

例如：

```
print(ls[1:4])  # 输出[2.3, 'abc', False]
```

C.4.2 Tuple(元组)

与列表类似，但是元组的所有元素都写在一对小括号“()”中，元组中的元素不能修改。访问方式与列表相同。

例如：

```
t = (1, 2.3, 'abc', False, [3.4, "xyz"], 6.8)
print(t[1]) # 输出 2.3
```

C.4.3 Set(集合)

与元组和列表类似，但集合中的各元素无序，不允许有相同元素，且元素必须是可哈希的对象。由于元素无序，所以集合中的元素不能使用下标方式访问。集合主要用于做并、交、差等集合运算，以及元素的检索操作。

集合中的所有元素都写在一对大括号“{}”中，各元素之间用逗号分隔。

例如：

```
s = {1, 2.2, 3, 'abc', 3, 1}
print(s) #输出{1, 2.2, 3, 'abc'}
```

C.4.4 Dictionary(字典)

字典是一种映射类型，每一个元素是一个“键(key)：值(value)”对，是一种无序的对象集合。其中，键是唯一的，值可以是任意类型。通过键访问字典中的元素。

例如：

```
d = {'name':'小明','age':18,'score':{'python':90,'english':80}}
print(d['age'])  # 18
```

C.5 运算符

这里给大家介绍 Python 支持的各种运算符。

算术运算符：＋(加)、－(减)、＊(乘)、/(除)、//(整除)、%(模)、＊＊(乘方)。

赋值运算符：＝、＋＝、－＝、＊＝、/＝、//＝、%＝、＊＊＝。

比较运算符：＝＝、！＝、＞、＜、＞＝、＜＝。

逻辑运算符：and、or、not。

位运算符：&(按位与)、｜(按位或)、^(按位异或)、＜＜(左移位)、＞＞(右移位)、～(按位取反)。

身份运算符：is、is not。

成员运算符：in、not in。

序列运算符：＋(拼接)、＊(重复)。

运算符的优先级如表 C.1 所示。

表 C.1　运算符的优先级

优先级	运算符	描　述
1	＊＊	乘方
2	～、＋、－	按位取反、正号、负号
3	＊、/、//、%	乘/重复、除、整除、模
4	＋、－	加/连接、减
5	＞＞、＜＜	右移、左移
6	&	按位与
7	^	按位异或
8	｜	按位或
9	＞、＜、＞＝、＜＝、＝＝、！＝、is、is not、in、not in	比较运算符、身份运算符、成员运算符
10	＝、＋＝、－＝、＊＝、/＝、//＝、%＝、＊＊＝	赋值运算符
11	not	逻辑非
12	and	逻辑与
13	or	逻辑或

C.6 条件语句

Python 支持的条件语句如下。

（1）第一种

```
if 条件成立：
    执行任务
```

（2）第二种

```
if 条件 1 成立：
    执行任务 1
else:
    执行任务 2
```

（3）第三种

```
if 条件 1 成立：
    执行任务 1
elif 条件 2 成立：
    执行任务 2
elif 条件 n 成立：
    执行任务 n
else:
    执行任务 n+1
```

在某些语句没有编写的情况下，如果要运行程序，可以先在这些位置写上“pass”。pass 表示一个空操作，只起到一个占位作用，执行时什么都不做。

Python 代码使用缩进表示层次关系，对于缩进的方式没有严格限制，既可以使用空格，也可以使用制表符（Tab 键），但要保证同一层次的代码使用相同的缩进方式。

C.7 循环语句

C.7.1 for 循环

语法：

```
for 变量名 in 可迭代对象：
    语句序列
```

例如：

```
d = {'name':'小明','age':18,'score':{'python':90,'english':80}}
for k in d:
    print(d[k])
```

如果需要遍历一个数列中的所有数字,可以使用 range()函数生成可迭代对象。

语法如下:

```
range([beg, ]end[, step])
```

例如:

```
for i in range(1, 9, 2):
    print(i)
```

注意:使用 for 遍历字典时,每次获取到的是元素的键,通过键可以再获取元素的值。

C.7.2 while 循环

语法:

```
while 条件 :
    执行某些任务
```

循环时可以通过 len()函数获取可迭代对象中元素的数量。

C.7.3 循环控制

break:用于跳出 for 循环或 while 循环。

continue:用于结束本次循环并开始下一次循环。

break 和 continue 对于多重循环情况时都作用于最近的那重循环。

for 循环和 while 循环后可以写 else 分支。如果循环正常结束,则运行 else 子句,如果通过 break 终止循环,则不执行 else 子句。

C.8 函　　数

函数是用来实现单一或相关联功能的代码段。在完成一项较复杂的任务时,我们可以根据程序的逻辑和任务的分工,把代码划分到不同的自定义函数中。

对于 Python 语言的函数,参数可以有默认值,分为位置参数和关键字参数,同时也支持不定长参数。

语法:

```
def 函数名([普通形参列表,] *不定长参数名 [,普通形参列表]):
    函数体
```

或

```
def 函数名([普通形参列表,] * * 不定长参数名):
    函数体
```

其中,“*不定长参数名”表示不定长参数对应的是位置参数,“* *不定长参数名” 表示不定长参数对应的是关键字参数。

如果希望能够将一个函数的运算结果返回到调用函数的位置,应使用 return 语句。return语句可以返回字符串、列表、元组等数据。

使用函数语法:

```
函数名(参数表)
```

C.9 类和对象

类(Class)用来描述具有相同的属性和方法的对象的集合。它定义了该集合中每个对象所共有的属性和方法。

```
类的定义语法:
class 类名 (父类名):
    pass
```

对象是类的实例,完成具体工作。

语法:

```
对象名 = 类名()
```

对象调用类里的函数:对象.函数名。

对象调用类里的属性:对象.属性名。

C.10 文件操作

C.10.1 文件的打开、关闭

使用 open()函数可以打开一个文件。

语法:

```
open(filename, mode='r')
```

其中,filename 是要打开文件的路径,mode 是文件打开方式。返回一个文件对象,利用该对象可以完成文件中数据的读写操作。

文件完成读/写操作后,应使用文件对象的 close 方法关闭文件。

C.10.2　文件的读、写

文件对象的 read 方法可以从文件中读取数据。

语法：

```
f.read(n = -1)
```

其中，f 是 open 函数返回的文件对象，n 指定了要读取的字节数，默认值－1 表示读取文件中的所有数据。read 方法可返回从文件中读取的数据。

读数据相关的其他常用方法还有 readline、readlines 等。

文件对象的 write 方法可以将字符串写入到文件中。

语法：

```
f.write(str)
```

其中，f 是 open 函数返回的文件对象，str 是要写入到文件中的字符串。f.write()函数执行完毕后，返回写入到文件中的字符数。

C.11　模块、包

当编写规模较大的程序时，可以按照代码功能的不同，将代码分别放在不同的文件中，以 .py 结尾，这些文件就称为模块(Module)。

通过“import…”的方式导入模块中的功能。如果使用该模块中定义的功能，则以“模块.函数名”的方式调用。

例如：

```
#导入自带数学模块
import math

#使用里面的上取整功能
print(math.ceil(4.12))  # 输出 5
```

在导入的同时还可以使用 as 为模块或标识符起别名。

例如：

```
#导入科学计算库 numpy，并取名为 np
import numpy as np

#产生一个随机小数
print(np.random.rand())
```

可以使用“from…import…”方式将模块中的功能直接导入当前环境，此时访问这些功能就不再需要指定模块名。

语法：

```
from 模块名 import 标识符 1，标识符 2，…，标识符 N
```

如果要导入模块中的所有标识符，可以使用“from 模块名 import * ”的方式。

当模块很多时，将某些功能相近的文件放在同一文件夹下，就是包的概念。包对应于存放很多模块的文件夹，使用方式与模块类似。

C.12 常用的第三方库

C.12.1 numpy 库

numpy 库是一个开源的 Python 科学计算库，提供了数值计算中常用的数据结构（如多维数组、矩阵等）和科学计算函数（如矩阵的各种运算），比 Python 自身的列表结构高效得多。

常用功能如下：

import numpy as np

np.array()：将变量转换成数组。

np.arange()：返回一个从起点到终点的固定步长序列。

np.random.shuffle()：将变量随机打乱。

np.zeros()：返回一个用 0 填充的数组。

np.dot()：向量点积和矩阵乘法。

np.max()：求最大值。

np.min()：求最小值。

np.exp()：返回 e 的幂次方，e 是一个常数，为 2.718 28。

np.transpose()：调换行列的值，类似于转置。

numpy.mean()：求均值。

np.reshape()：使数组中的数据，按照新的行数、列数分布。

np.zeros_like()：按照给定的结构，初始化全 0 数组。

np.linalg.eig()：求矩阵的特征值和特征向量。

np.around()：按照参数给定的位数四舍五入。

np.linspace()：创建等差数列。

C.12.2 matplotlib 库

matplotlib 库提供了大量的数据绘图工具，主要用于绘制一些统计图形。

常用功能如下：

import matplotlib.pyplot as plt

plt.scatter()：画点。

plt.plot()：画线。

plt. show()：显示图像。

plt. grid()：显示坐标系的网格线。

plt. xlim()：设置横坐标的显示范围。

plt. ylim()：设置纵坐标的显示范围。

plt. xlabel()：设置横坐标的名称。

plt. ylabel()：设置纵坐标的名称。

plt. gca(). set_aspect()：设置坐标系的横纵比例。

C.12.3 sklearn 库

Python 中的 sklearn 库是机器学习中常用的第三方模块，对常用的机器学习方法进行了封装，包括分类（Classfication）、回归（Regression）、降维（Dimensionality Reduction）、聚类（Clustering）四大机器学习算法，并且自带部分数据集，节省了获取和整理数据集的时间。sklearn 库中还包括了验证模型质量的方法，如交叉验证。

sklearn 库中的众多机器学习方法的使用方式大致相同。

第一步：导入数据。

第二步：导入对应的机器学习方法类，创建对象进行训练。常用的训练函数有 fit()函数等，在训练过程中可以调整参数，提高学习准确率。

第三步：用训练好的模型测试新数据。常用的测试函数有 predict()函数等。